U0011003

飛機力學「超」入門

讓飛機飛上天的航空基礎工程學

中村寬治◎著

魏俊崎◎譯

晨星出版

作 者 序

「本機現在在足摺岬上33,000英呎高空，大約是10,000公尺，以0.83馬赫，相當於音速的0.83倍的速度飛行中。」

坐飛機旅行時，我們常常會聽到這樣子的機內廣播。聽到廣播後，一邊找尋窗戶外面的足摺岬時，你是否也會思考著「0.83馬赫實際上到底是多快？」「要飛到0.83馬赫需要多少作用力？」「為什麼要比較飛行速度和聲音的速度？」「空氣中的阻力是多少？」「為什麼可以飛？」等等問題呢？

為了解答這種單純的疑問，並且讓讀者可以更直接的理解答案，筆者在撰寫本書時，將主軸放在以下兩個重點：

● 只有看圖，也能理解
● 將實際的數值套入公式計算

例如，重量為W的飛機往上爬升時，需將機首角度

提高至 γ 度，該公式為：

（飛機重量的分力）＝W sin γ

假設W＝300噸，γ＝5°時

（飛機重量的分力）＝300×sin5°

≒26噸

可以得知，與水平飛行比起來，飛機爬升時需要額外龐大的26噸作用力。為了實際計算，本書準備了可用電子試算表軟體運算的公式，像是大氣狀態變化、速度換算等，放在各章專欄之中。

　　第一章是航空力學概論。航空工程是一門研究如何生產飛機的學問，其中應用了飛行相關基礎科學知識。而航空力學則是研究航空工程中最基礎事務的學問。本章有更詳細的說明。

　　第二章的主角是空氣。飛機是利用空氣中潛在的作用力飛行。本章會解釋飛機飛往天空時空氣的作用力如何變化，並說明飛行速度及馬赫又是怎麼測量的。

　　第三章的主題是升力和阻力。升力和阻力都是飛機在空氣中飛行時所承受的作用力。升力是與飛行方向垂直的作用力，而只要是與飛行方向相反的作用力都統稱

為阻力。因此，只要改變飛機的飛行姿態和方向，升力和阻力作用的方向和大小都會改變。在本章會解說升力和阻力之間的關係以及變化方向。

第四章則會解釋主翼、尾翼、舵等等飛機部位的作用。例如主翼的功能不僅止於產生升力，也會一併說明別名安定板的水平尾翼和垂直尾翼，以及高升力裝置。

第五章主題為航空用引擎。從萊特兄弟的活塞式引擎開始，一直說明到噴射引擎，同時點出各式引擎的特徵。另外也會簡單說明螺旋槳是如何作用，如何產生作用力，它的特徵又是什麼。

第六章會解說飛機的性能。從起飛到降落的過程中，飛機需要什麼樣子的性能，這邊將以實例做具體解說。

本書雖稱作航空力學入門，但不過是將讀者帶到門前，抬頭仰望那道厚重的大門而已。筆者希望讀者在讀過本書之後，能夠對航空力學產生興趣。

最後，特別感謝非常照顧筆者的科學書籍編輯部石井顯一先生，謝謝。

2015年7月 中村寬治

飛機力學「超」入門

讓飛機飛上天的航空基礎工程學

CONTENTS

CONTENTS

第1章

認識航空力學

航空工程應用了飛行相關的基礎科學知識，是一門研究如何生產飛機的學問。在航空工程中，航空力學是最基礎的學問。

本章將解說航空力學的具體內容。

航空力學是什麼？
以飛行為目的的基礎科學

先來說明讓飛機安全起飛需要什麼樣的知識吧。

飛機利用空氣飛行，因此首先要理解空氣的性質，例如空氣作用力的大小以及空氣在不同高度中會產生什麼變化等等。飛行時，飛機所承受空氣作用力的大小將決定機翼及飛機的形狀。另外，即使飛機造的再堅固，推進力不夠的話，也無法飛上天空。所以，也必須理解如何控制飛行以及飛行性能，也就是如何在瞭解飛機的外型之後，在安全的範圍內控制推進力，讓飛機安全飛行。

就像剛剛所闡述的，為了製造出可以安全飛行的飛機，航空工程所研究的內容，就是在飛機上的空氣作用力、推進飛機的裝置、機翼和飛機的外型與材料、控制飛行的機關等等。而航空工程中，研究最基礎事務的部門就是航空力學，例如飛機上的空氣作用力大小以及飛行所需作用力之間的平衡等等。航空力學具體內容舉例如下：

- 空氣性質
- 飛行中作用力的平衡
- 推進裝置的性能
- 飛機的形狀
- 安定性與操縱性等
- 飛行性能

● 飛機研究相關的分類舉例

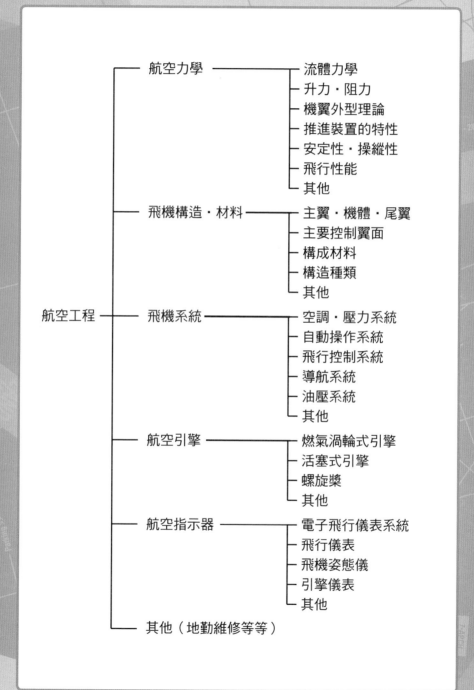

空氣
空氣與大氣層

　　如同「像空氣般的存在」所說，平常生活中我們都不會注意到空氣。所以，在這邊要重新來理解空氣。

　　空氣是無色透明的氣體，在大約高度100公里內的空氣中，78％是氮氣，21％是氧氣，其他還有氬氣、二氧化碳、氫氣和氦氣等等，在這高度內空氣組成基本上是一樣的。大氣層指的是覆蓋整個星球的氣體。比如說，火星的大氣層據說幾乎都是二氧化碳（約95％）所構成。空氣則指的是地球的大氣下層部分所組成的氣體。另外，地球的衛星，月球則幾乎沒有大氣層，接近真空，所以飛機無法利用空氣的力量在月球飛行。

　　那麼，為什麼地球上覆蓋著空氣呢？這和地球的重力與空氣的溫度有關係。假設地球的重力減輕或是空氣升溫的話，空氣會變得稀薄，甚至有可能流失在宇宙中也說不定。

　　說個題外話，既然空氣是透明無色的，為什麼抬頭看天空卻是藍的呢？就如同雨後的天空中可以看到彩虹一樣，看起來似乎是無色的太陽光中隱藏著紅、橙、黃、綠、藍、靛、紫七種顏色。太陽光撞上空氣之後，波長較短的藍色形成散射，因此我們才會看到藍色的天空。到了太陽下山的時候，因為太陽光要通過的空氣層比白天還要厚，波長較長，可以穿透的距離更遠的紅色也因此變得顯眼，成為了黃昏的主要顏色。

● 什麼是空氣

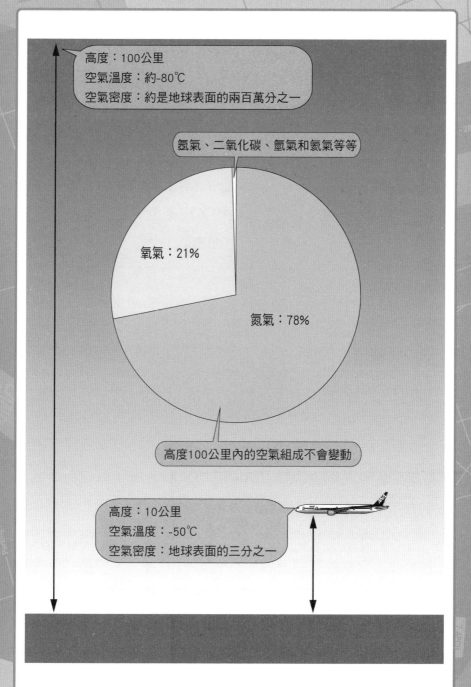

飛行之力
飛行時四種不同的作用力

在空中飛行的飛機也和樹上的蘋果一樣，隨時都被重力拉扯著。重力指的是地球和飛機之間的關係，和空氣完全沒有關聯。重300噸的飛機，無論是在地上還是在空中，都有300噸的作用力往地面拉扯。

也就是說，向上支撐飛機飛行的作用力也同樣必須要有300噸。這一種作用力叫作升力，由機翼所產生，且只在飛機飛行於空中時作用。為了讓機翼產生300噸的升力，飛機必須要以每秒100公尺以上的速度飛行。換句話說，就是要對著機翼吹起每秒100公尺以上的狂風，並利用狂風中的空氣產生升力。可以想想看，這樣的風速比最大等級的颱風還要更強，因此才能產生300噸以上的作用力。

飛機必須前進，才能在機翼上製造出每秒100公尺以上的空氣流。螺旋槳和噴射引擎負責逆向送出氣流製造出推力。這和氣球飛走的時候，空氣是由氣球口快速噴出的原理一樣，對著沒有在流動的空氣快速噴出另一股空氣時會產生作用力，藉此獲得往前的力量。

在空中快速移動時，會受到空氣的抵抗。這種由空氣所產生出來不容小覷的作用力，叫作阻力，也因此，飛機必須要設計成盡可能讓阻力變小。本文中所提到的重力、升力、推力和阻力的關係，如右圖所示。

● 飛行時產生的四種作用力

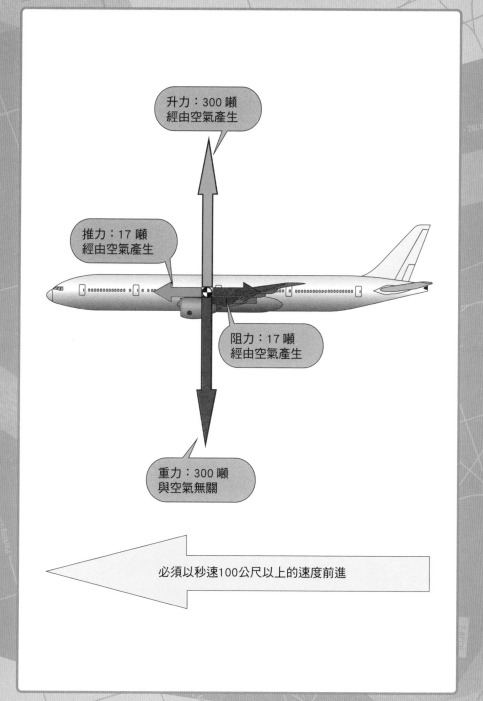

升力：300 噸
經由空氣產生

推力：17 噸
經由空氣產生

阻力：17 噸
經由空氣產生

重力：300 噸
與空氣無關

必須以秒速100公尺以上的速度前進

飛機的形狀
機翼與舵

　　在這邊要來簡單的確認飛機的形狀和各種負責控制飛機飛行方向的舵。

　　19世紀之後才出現具備機體、主翼、水平尾翼和垂直尾翼的飛機。而利用扭曲機翼（翹曲機翼，Wring Wraping）操縱飛機的方法，直到20世紀初期，才由史上首次成功實現動力飛行的萊特兄弟所構思出來，而之後逐漸發展出將控制翼面（亦稱作可動機翼和舵面）連接在主翼、垂直尾翼和水平尾翼等各個機翼上以操縱飛機的方式，如右圖所示。

　　主翼負責產生與飛機同等重量的升力，同時也擔任提高穩定性，例如遇到風向急速改變，飛機左右傾倒的同時，主翼負責將飛機回歸到自然水平的姿勢。水平尾翼和垂直尾翼則負責縱向和橫向的水平，又稱為水平安定板和垂直安定板。

　　主翼的左右邊則有副翼（Aileron）。副翼的運動方式是：假設左副翼往下，右副翼就會跟著往上，因此左右的升力平衡就會改變，而開始往右傾斜的右迴旋。方向舵（Rudder）負責機首轉向左右，升降舵（Elevator）則是負責機首朝向上下。

　　在大型客機的主翼上面立起來的是擾流板，負責減少升力或是飛行速度。襟翼是在起飛和著陸等速度較慢時，負責維持支撐飛機升力的裝置，也叫作高升力裝置。主翼的前緣上的翼縫條會和襟翼同時啟動，往前突出，在主翼之間製造出隙縫以引導主翼上面的空氣，產生高升力的作用。

● 飛機的形狀

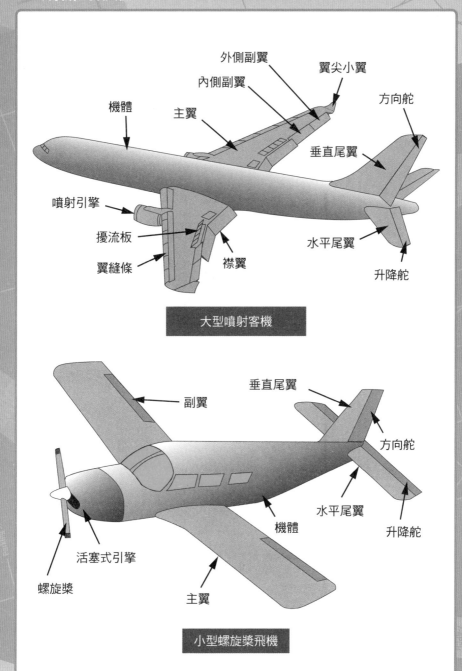

大型噴射客機

小型螺旋槳飛機

飛機的引擎
推進飛機的方法

飛機快速前進的理由，其中一個是可以快速到達目的地，另一個理由則是可以在空中飛行時，讓主翼產生足夠升力來支撐飛機。本小節將簡單介紹飛機有哪些引擎。

首先是轉動螺旋槳的活塞式引擎。因為要將活塞運動轉換成迴轉運動，活塞式引擎的裝置過於複雜笨重，且具有高度過高時引擎出力會急速下降等的缺點，因此現在幾乎沒有客機採用活塞式引擎。雖說如此，在較低高度飛行時，活塞式引擎較為省油，因此大部分的小型飛機都使用活塞式引擎。

為了改善活塞式引擎在過高的高度會缺乏動力的缺點，開發出來的引擎就是渦輪螺旋槳引擎，該引擎中負責轉動螺旋槳的裝置是燃氣渦輪，不是活塞。此引擎的優點是小型、輕量化，容易獲得大出力以及容易使用。雖然螺旋槳飛機的缺點是在高速飛行時螺旋槳效率變差，但是因為省油及可以在較短的跑道上起降，大部分的中型螺旋槳飛機都是使用渦輪螺旋槳引擎轉動螺旋槳來飛行。

為了彌補螺旋槳飛機飛行速度的缺點，靠著噴射氣體取得推力的噴射引擎被開發出來了。渦輪噴射引擎優點是愈高速效率愈好，適合超音速飛行，但缺點是噪音過大而且耗油。改良噪音和耗油問題之後的引擎，就是渦輪扇引擎，其特徵是具備巨大風扇，為目前噴射引擎的主流產品。

● 往前的推力

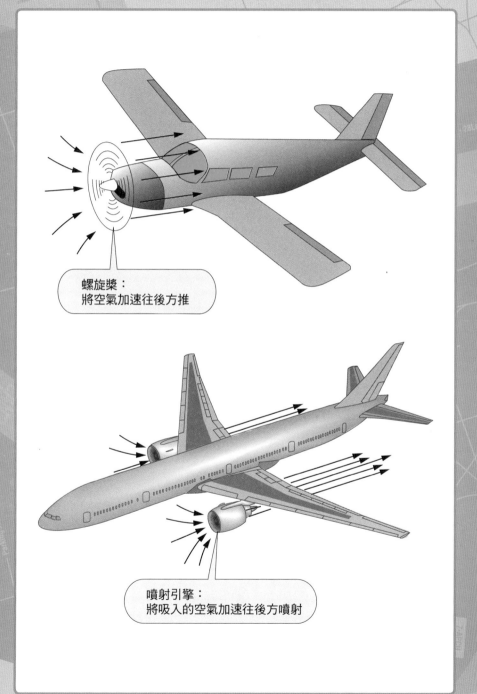

螺旋槳：
將空氣加速往後方推

噴射引擎：
將吸入的空氣加速往後方噴射

飛機的三種運動方向
空中飛行三方向

1-06

在空中飛行有四種非常重要的作用力：升力、重力、推力和阻力。在立體空間的天空中飛行，當然也要了解飛機面對立體空間的三軸時要怎麼轉動、移動及飛行姿勢的變化。

在空中飛行時，基本移動重心的擺動運動，在航空界稱為「搖晃」。雖然是寫作搖晃，並不是將飛機晃來晃去的意思。（註：中文的專有名詞並沒有這類簡稱，此為日文獨有，原文為揺れ。）飛機在立體空間的三種運動方式如下：

機翼左右擺動的運動：滾轉（Rolling）
機首左右擺動的運動：偏航（Yawing）
機首上下擺動的運動：俯仰（Pitching）

引起迴轉的力稱為力矩，針對三種不同方向的力矩則稱為滾轉力矩、偏航力矩、俯仰力矩。比如說「將操縱桿往右，左副翼下降，右副翼上升，產生往右的滾轉力矩，因此飛機往右傾斜」；「拉操縱桿升降舵就會往上，產生往上的俯仰力矩，飛機就會呈現機首向上的姿勢」；「踩下左邊的方向舵踏板，方向舵會往左，產生往左的偏航力矩，機首就會往左」等等。

比如說紙飛機，如果沒有折的很平整的話，就不會筆直的往前飛，實際上飛機也是，各個舵面輕微的變化，也會改變整體的平衡，進而大幅度改變飛機姿勢和前進方向。

● 飛機的三種運動方向

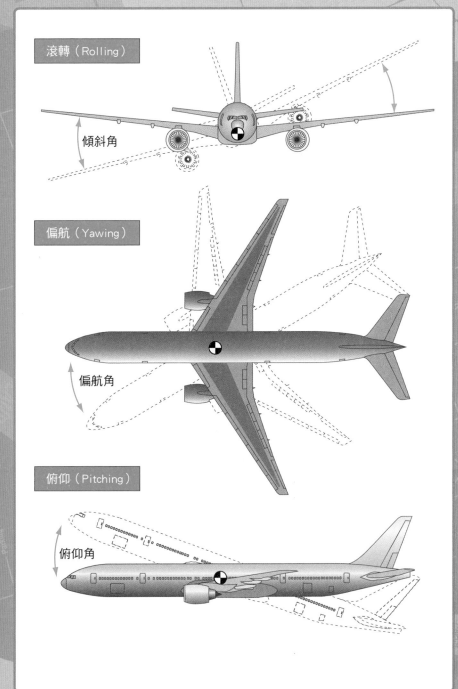

滾轉（Rolling）

傾斜角

偏航（Yawing）

偏航角

俯仰（Pitching）

俯仰角

標準大氣的計算公式

　　這邊把計算標準大氣狀態（2-09）的公式，整理成可以用軟體運算的公式。

　　外面氣溫（攝氏）：t，溫度比：θ，壓力比：δ，密度比：σ

（1）公尺（m）單位

- 對流層高度11,000公尺以下　　　這邊填入具體的高度（公尺）

$\theta=$（288.15-0.0065*〔 m 〕）/288.15

　　$=1$-0.000022557*〔　m　〕

$\delta=$（1-0.000022557*〔　m　〕）^5.25588

$\sigma=$（1-0.000022557*〔　m　〕）^4.25588

- 平流層內超過11,000公尺

$\theta=$（288.15-71.5）/288.15

　　$=0.7518653$

$\delta=0.22336$*EXP（（11000-〔　m　〕）/6341.6）

$\sigma=0.29707$*EXP（（11000-〔　m　〕）/6341.6）

（2）英呎（ft）單位

- 對流層高度36,089.24ft以下　　　這邊填入具體的高度（英呎）

$\theta=$（288.15-0.0019812*〔 ft 〕）/288.15

　　$=1$-0.0000068756*〔　ft　〕

$\delta=$（1-0.0000068756*〔　ft　〕）^5.25588

$\sigma=$（1-0.0000068756*〔　ft　〕）^4.25588

- 超過平流層36,089.24英呎

$\theta=$（288.15-71.5）/288.15

　　$=0.7518653$

$\delta=0.22336$*EXP（（36089.24-〔　ft　〕）/20805.825）

$\sigma=0.29708$*EXP（（36089.24-〔　ft　〕）/20805.825）

（3）音速a

- 單位：km/h

a=1225*SQRT（θ）

　$=72.17$*SQRT（273.15+t）

- 單位：節

a=661.4786*SQRT（θ）

　$=38.97$*SQRT（273.15+t）

第2章

空氣力學

空氣的狀態對於飛機來說有著非常大的影響力。因此，必須要知道空氣的性質。在本章會解說溫度、密度和氣壓在各種高度時如何變化，以及與飛機的速度有何關係。

大氣的組成
溫度、密度、氣壓

　　大氣的狀態（溫度、密度、氣壓）對飛機有非常大的影響。比如說，支撐飛機的升力與空氣密度成比例，飛機飛得愈高，升力就愈小。另外，噴射引擎的性能也會隨著空氣密度和溫度的變化而改變。因此，必須要理解大氣層的狀態和飛行高度的關係。所以先來確認大氣層的構造吧。

　　首先，太陽光傳來的能量加熱地表，接著與地表接觸的空氣也會跟著加熱，產生上升氣流。隨著空氣上升，空氣就會膨脹，接著溫度、密度和氣壓就會下降。到19世紀後半為止，對於大氣層的知識僅止於此。但是到了20世紀，藉由觀察氣球，發現了只要在一定的高度以上，空氣就會保持一定的溫度。這個溫度變化的界線稱為對流層頂。地表到對流層頂之間的空間稱為對流層，這一個區間中的空氣，會因為溫度變化產生對流，也只有在這一個區間會有雲和下雨等等的氣象現象。對流層頂以上稱為平流層，溫度保持一定，氣流也相對比較穩定。

　　另外，溫度保持不變的只到高度20,000公尺為止，更高的地方因為臭氧層吸收收了紫外線，所以溫度比較高。不過一般民航機飛行的高度不會超過20,000公尺，在本書中提到的平流層指的是氣溫固定的區間。附帶一提，平流層最高到50,000公尺，50,000~85,000公尺的高空稱為中間層，85,000公尺以上稱為熱層。

● 大氣層的組成

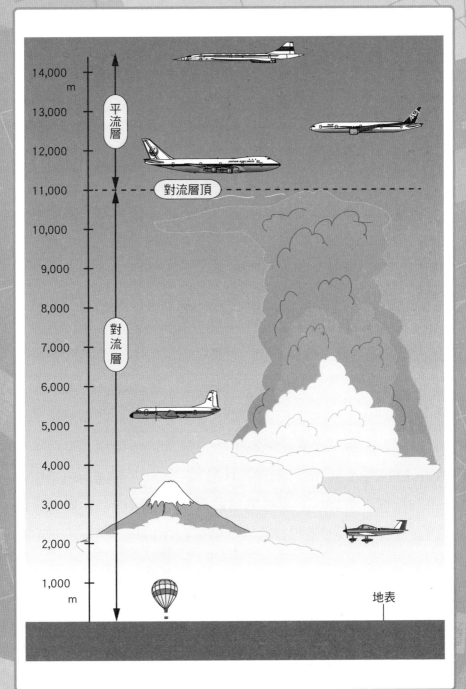

大氣的標準值
什麼是國際標準大氣

　　製造和設計新飛機的時候，會收集且分析試飛時的資料。但是這一份資料只代表著，在當下的大氣狀況中飛機的試飛資料。即使在同一個地方，大氣的狀態也一直都在改變。因此，在不同的時間或是不同的場所試飛時，都無法直接參考之前收集到的試飛資料。

　　所以首先要把試飛時的大氣資料，轉換成標準大氣狀態。從這邊就可以計算出試飛時的大氣資料與標準的不同之處，再比對各個資料。藉由這個方法，就可以確認試飛時的大氣狀態與標準大氣狀態差距多少，這時，此試飛資料就具有參考性。另外，也要在同一種大氣狀態下比較不同機種的飛機的性能資料才公平。

　　聯合國中負責航空的專門機構國際民航組織（ICAO），基於上述的理由，設定了國際標準大氣（ISA）。國際標準大氣是以北半球中緯度大氣狀態為模型，標高0m，溫度15℃時，密度為0.12492 kg・s^2/m^4，氣壓為10332.3 kg/m^2，並制定每個數值在不同高度下的變化，這些數值就構成了國際標準大氣。這邊提個題外話，ICAO是根據國際民航條約在1947年組成，日本在1953年加入。

　　另外，這邊指的因高度而改變的溫度、密度和氣壓數值並不是由觀測氣球所觀察出來的數值，而是根據理論所得的公式計算出來的數值。（可以參考專欄－01的計算公式）。

● 國際標準大氣（ISA）

在航空界所使用的單位目前尚未統一。本書所使用的單位為日本航空界的設計標準（以耐空性為基準）的工學單位。

高度(m)	溫度(℃)	密度($kg \cdot s^2/m^4$)	密度比	氣壓(kg/m^2)	氣壓比
0	15.0	0.12492	1.0000	10332.3	1.0000
1000	8.5	0.11336	0.9075	9164.7	0.8870
2000	2.0	0.10264	0.8216	8106.3	0.7846
3000	−4.5	0.09271	0.7421	7149.1	0.6919
4000	−11.0	0.08353	0.6687	6285.5	0.6083
5000	−17.5	0.07507	0.6009	5508.5	0.5331
6000	−24.0	0.06727	0.5385	4811.1	0.4656
7000	−30.5	0.06011	0.4812	4187.0	0.4052
8000	−37.0	0.05355	0.4287	3630.1	0.3513
9000	−43.5	0.04756	0.3807	3134.8	0.3034
10000	−50.0	0.04209	0.3369	2695.7	0.2609
11000	−56.5	0.03711	0.2971	2307.8	0.2234
12000	−56.5	0.03170	0.2537	1971.1	0.1908
13000	−56.5	0.02707	0.2167	1683.6	0.1629
14000	−56.5	0.02312	0.1851	1438.0	0.1392
15000	−56.5	0.01975	0.1581	1228.2	0.1189

ft・lbs（英呎・磅）的數值為

1 氣壓 ＝29.92126 inHg ＝2116.2167 lbs/ft^2

15℃時的空氣密度＝0.002377 slug/ft^3 ＊slug＝lbs /(ft/s^2)

大氣溫度
溫度與高度

　　在航空界所使用的單位有三種，首先是相對溫度的攝氏（℃）與華氏（℉），以及絕對溫度克耳文（K，沒有°）。

　　以華氏來說，冰點與沸點之間分成180等分，水的冰點是32度，沸點212度。攝氏的話，冰點與沸點之間分為100等分，冰點為0度，沸點100度。剩下的就是絕對溫度克耳文。絕對溫度就是不依靠水等物質特性的溫度顯示方式，以熱力學來說，最低的絕對溫度就是0K。因此絕對溫度沒有負數。

　　絕對溫度對於理解氣體分子的動能非常的重要。比如說，聲音是藉著氣體分子運動所傳播的，而絕對溫度會給予氣體分子動能，所以其傳播速度非常仰賴絕對溫度。另外，絕對溫度與攝氏的度與度之間的距離相同，所以：

$$（絕對溫度）＝（攝氏）＋273.15$$

　　也就是說，0K就等於－273.15℃。

　　國際標準大氣的定義為標高0公尺時，溫度為15℃，每升高1000公尺時溫度會降低6.5℃。舉例來說，富士山頂標高3,776公尺，那麼溫度是

$$15－3776×6.5/1000≒－9.5℃$$

　　當10,000公尺時，溫度為

$$15－10000×6.5/1000＝－50℃$$

　　進入11,000公尺以上的平流層時，溫度就會固定下來。

$$15－11000×6.5/1000＝－56.5℃$$

● 三種溫度單位

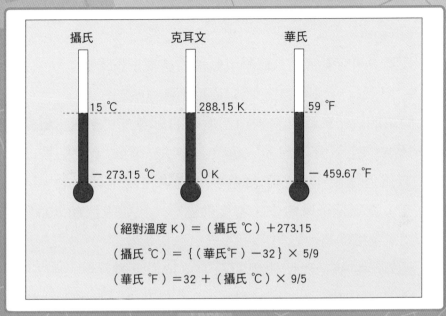

攝氏　　　　克耳文　　　　華氏

15 ℃　　　288.15 K　　　59 ℉

－273.15 ℃　　　0 K　　　－459.67 ℉

（絕對溫度 K）＝（攝氏 ℃）＋273.15

（攝氏 ℃）＝{（華氏℉）－32}× 5/9

（華氏 ℉）＝32 ＋（攝氏 ℃）× 9/5

● 溫度與高度

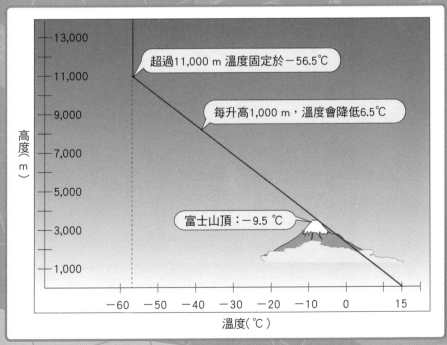

超過11,000 m 溫度固定於－56.5℃

每升高1,000 m，溫度會降低6.5℃

富士山頂：－9.5 ℃

高度（m）

13,000
11,000
9,000
7,000
5,000
3,000
1,000

－60　－50　－40　－30　－20　－10　　0　　15

溫度（℃）

2-04 大氣密度
航空界所使用的密度單位

大氣中的空氣密度為每單位體積的質量，公式為：

（密度）＝（空氣質量）/m³

簡單的說，就跟計算人口密度時的思考方式一樣，每單位體積所含的空氣分子愈多，密度就愈大。因為重力影響的關係，愈接近地表空氣分子就愈多，空氣密度也就愈大，反之愈高空，空氣分子就愈少，密度就愈小。比如說在10,000公尺時，空氣密度約為地表的三分之一。

另外，在航空界所使用的密度單位並不是平常使用的kg/m³。航空界使用的作用力單位也是公斤及噸，比如說支撐重量300噸的飛機的升力為300噸。也就是將「重量」視為「作用力」，可得公式：

（重量）＝（質量）X（重力加速度）　單位：公斤

從這邊可以推得公式：

（質量）＝（重量）/（重力加速度）　單位：$kg/(m/s^2)$

這個公式決定了航空界中的質量大小，換句話說決定重力的大小，以及物體所固定擁有的力學基本量，質量的單位定為$kg/(m/s^2)$。這邊再將質量的單位代入計算密度的計算公式（密度）＝（質量）/m³，可以推得：

（密度）＝$\{kg/(m/s^2)\}/m^3＝kg \cdot s^2/m^4$

另外，英制的計算方式為將質量$lbs/(ft/s^2)$定義為slug，密度單位為$slug/ft^3$。

● 密度與重力

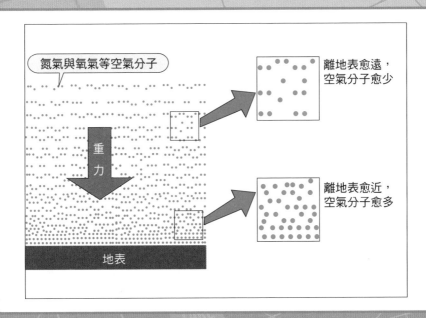

● 密度與高度

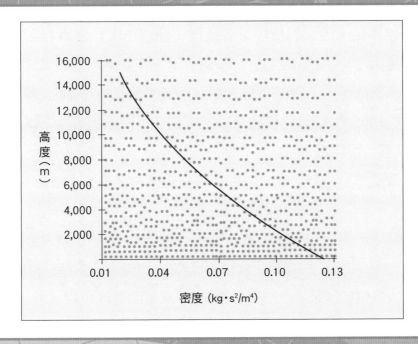

大氣壓力
空氣的重量

　　大氣壓力指的是每單位面積的空氣作用力，比如說高度100公里高的空氣在底面積$1m^2$的地方實際上有多少重量呢，此時的重量單位為kg/m^2。接著就來確認實際上重量的大小。

　　從前有一個說法：「水井的深度超過10公尺時，沒有辦法用手動幫浦把水打上來」。那是因為當水管超過10公尺時，井中水面上的空氣柱體往水面壓的作用力沒辦法維持水管中水的重量。同樣的道理，**高度100公里的空氣柱體重量最多只能支撐10公尺的水柱重量**。10立方公尺的水約為10噸，從這邊可以知道1大氣壓大約等於10噸$/m^2$。這邊提一個題外話，在海中，深度每增加10公尺就會增加1大氣壓，是因為深度10公尺時，海水的重量為每1平方公尺10噸。

　　17世紀，義大利物理學者托里切利使用了比水重14倍的水銀計算出了1大氣壓的大小。如圖所示，將灌滿水銀的試管垂直立起來的時候，水銀並不會全部流出來，而是停在760公釐。那是因為100公里空氣柱體重量平衡了試管內的水銀重量。這就是1大氣壓，可以求得：

（水銀的密度：13.8632×10^3）X（重力加速度：9.80665）X $0.76 = 10332.3 \ kg/m^2$

　　順帶一提，在試管中放水時，水柱的高度為10.3323公尺。另外，標高0公尺的時候，水銀的高度為760公釐，在富士山山頂時，大氣壓較平地小，為6.47噸$/m^2$，水銀的高度也降低成479公釐。

● 空氣的重量

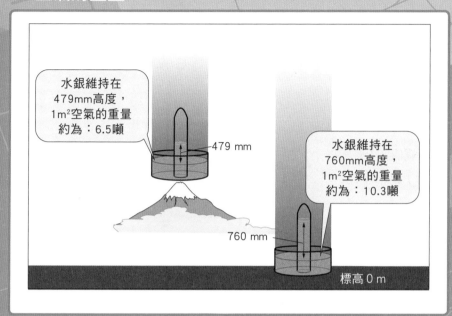

● 大氣壓與高度

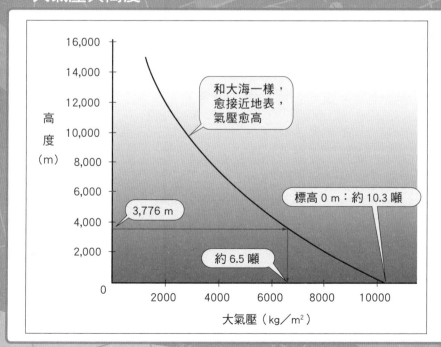

動壓是什麼？

因空氣流動所產生的壓力

現行有很多物品使用空氣的力量，例如吸附在無法使用釘子的磁磚上的吸盤或是保存食物專用的真空包。假設吸盤的表面積為30平方公分，因為大氣壓力大約為每平方公分1公斤，那麼作用在整個**吸盤上的大氣壓力**就會有約**30公斤**。因為有這個作用力，掛在吸盤上的東西只要小於30公斤，吸盤都不會脫落。另外，把長10公分、寬20公分的真空包中的空氣全部抽出來的話，那麼作用在真空包上面的壓力約會有200公斤。

接著來看看空氣移動的狀況，例如一股強風吹來時，空氣的作用力如何變化。如同「柳葉隨風搖曳」，柳樹的葉子完全不抵抗風吹，巧妙的把空氣的作用力卸除掉。另一方面，風吹向茂盛、粗壯的樹木，因為粗壯的樹幹不像柳樹般搖曳，而把所有的風都擋了下來，樹枝就被吹斷，甚至是整棵樹被風吹倒。把強風帶來的空氣全部擋下來的話，空氣中的運動能量就會轉換成壓力，因此作用在樹木上面的壓力就會變大。另外，風吹過之後，空氣穿越樹木，在樹木後方旋轉的空氣會形成漩渦，而這漩渦拉著樹木產生抗力，使得下風處拉扯樹木的力量變得更大。

空氣流動時產生的作用力，或是在天空中飛行時產生的壓力，就是所謂的**動壓**。不能忘記還有另一個壓力的存在，無關飛行，無論風吹與否，都會作用在吸盤或是真空包上的壓力。這種壓力稱為**靜壓**，也可以說是航空界中所講的，作用在飛機上的大氣壓力。用不同方式來解釋的話，將手放在河川中時，因水深而感受到的壓力就是靜壓，而動壓就是水流動所傳來的壓力。

● 靜壓

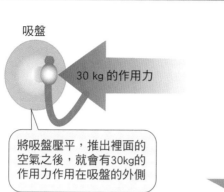

吸盤

大氣壓力：1kg/cm²

30 kg 的作用力

將吸盤壓平，推出裡面的
空氣之後，就會有30kg的
作用力作用在吸盤的外側

200 kg 的作用力

將包裝內的空氣抽出之
後，就會有200kg的作
用力作用在包裝的外面

真空包

● 動壓

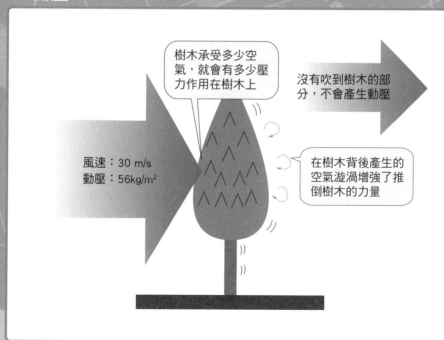

樹木承受多少空
氣，就會有多少壓
力作用在樹木上

沒有吹到樹木的部
分，不會產生動壓

風速：30 m/s
動壓：56kg/m²

在樹木背後產生的
空氣漩渦增強了推
倒樹木的力量

2-07 白努利的公式
流動愈快，壓力愈低？

　　大家都知道動壓是因空氣流動所產生的壓力，此壓力會隨著空氣流動速度加快而增強。18世紀的物理學者丹尼爾·白努利利用數學公式計算，發現了動壓的大小與空氣的速度成兩倍的比例，比如說空氣速度兩倍時，動壓為四倍。航空力學也不例外，所以在這邊我們來看看白努利公式。

　　首先，有一點很重要，動壓在空氣速度為0的時候也能發揮所有的作用力，意思就是此時的動壓為靜壓。同時物理上實際作用的壓力只有靜壓，而動壓的大小，也就是空氣流動的速度會改變靜壓的大小。此時的動壓與其說是物理上的壓力，倒不如說是一個數學的變數，而且是讓靜壓變化的主要原因。

　　從能量的觀點來解釋的話，空氣有著位能，加上動能就會變成壓力能。從能量守恆的原則來看，空氣流動變快時，壓力能轉變成動能，空氣整體的能量並不會變化。

　　也就是說，（靜壓）＋（動壓）的總和是一定的，空氣流速增加時，靜壓就會減少，相反流速降低時，靜壓就會增加。此外，擁有動能的「動壓」，與「空氣密度」及「空氣速度的平方」為固定比例，可以表示為：

　　（動壓）＝（1／2）Ｘ（空氣密度）Ｘ（空氣速度）^{2}

　　這是在航空力學中一定會使用到的公式。

● 白努利的公式

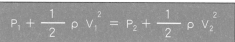

$$P_1 + \frac{1}{2} \rho V_1^2 = P_2 + \frac{1}{2} \rho V_2^2$$

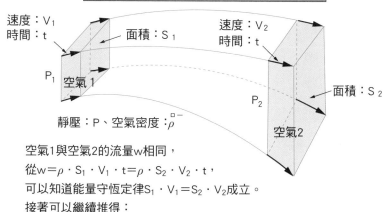

速度：V_1
時間：t
面積：S_1
P_1
空氣1
速度：V_2
時間：t
面積：S_2
P_2
空氣2
靜壓：P、空氣密度：ρ

空氣1與空氣2的流量w相同，
從 $w = \rho \cdot S_1 \cdot V_1 \cdot t = \rho \cdot S_2 \cdot V_2 \cdot t$，
可以知道能量守恆定律 $S_1 \cdot V_1 = S_2 \cdot V_2$ 成立。
接著可以繼續推得：

$$（壓力能）=（壓力）\times（體積）$$
$$= P \cdot S \cdot V \cdot t$$
$$（動能）= \frac{1}{2} \times（質量）\times（速度）^2$$
$$= \frac{1}{2} \cdot （\rho \cdot S \cdot V \cdot t）\cdot V^2$$

因為（壓能）+（動能）=（固定值），推得

$$P_1 \cdot S_1 \cdot V_1 \cdot t + \frac{1}{2} \cdot （\rho \cdot S_1 \cdot V_1 \cdot t）\cdot V_1^2$$
$$= P_2 \cdot S_2 \cdot V_2 \cdot t + \frac{1}{2} \cdot （\rho \cdot S_2 \cdot V_2 \cdot t）\cdot V_2^2$$

從能量守恆定律 $S_1 \cdot V_1 = S_2 \cdot V_2$，可以推得

$$P_1 + \frac{1}{2} \rho V_1^2 = P_2 + \frac{1}{2} \rho V_2^2$$

$$（靜壓）_1 +（動壓）_1 =（靜壓）_2 +（動壓）_2$$

從這邊就可以知道靜壓和動壓的總和是固定值，
這就是白努利定律。

2-08 如何利用動壓
飛機的速度儀

　　速度儀就是利用動壓最明顯的例子。以前的速度儀，是利用儀表內的空盒（非常薄的金屬製容器），隨著動壓大小膨脹縮小來表示動壓的大小。現在則是由電腦進行數位化處理之後，顯示在儀表上。說是這樣說，不論是以前的舊式飛機還是現在的高科技飛機，所使用的速度儀都不是一般所使用的每小時前進多少距離的時速表，而是以動壓為基準的速度儀。

　　那是因為升力和阻力都是與動壓成固定比例。為了知道在不失速的前提之下，飛機的最小速度，以及在不破壞機體的前提之下，飛機的最大速度是多少，使用以動壓為基準的速度儀對駕駛來說剛剛好。以動壓為基準的速度儀稱作空速計，空速計所指示的速度稱為空速（IAS）。

　　顯示動壓的裝置是由18世紀的發明家亨利‧皮托所發明的。現今也被稱為皮托管。將一個凸起物放置在空氣的流動中時，空氣會在最尖端的部分停止流動，這一個點稱為滯點，而皮托管就是利用滯點來測量動壓。在滯點，因為空氣的速度變成0，因此壓力會變成最大，這一個壓力稱為全壓或是總壓力。在皮托管上的滯點設置一個全壓孔來測量動壓，左右設置靜壓孔測量靜壓，而（全壓）＝（靜壓）＋（動壓），因此藉由以下公式可以知道動壓的大小。

　　　　　（動壓）＝（全壓）－（靜壓）

● 滯點

在滯點產生高溫跟高壓的現象稱為衝壓效應，壓力稱為全壓，
溫度稱為全溫（TAT）

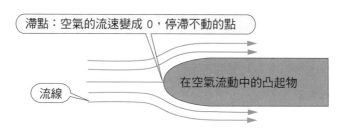

滯點：空氣的流速變成 0，停滯不動的點

流線

在空氣流動中的凸起物

● 皮托管

由滯點的壓力：（全壓）＝（靜壓）＋（動壓）推得
（動壓）＝（全壓）－（靜壓）

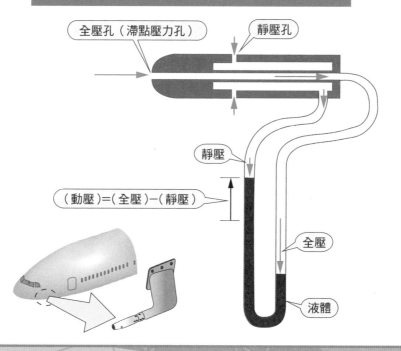

全壓孔（滯點壓力孔）

靜壓孔

靜壓

（動壓）＝（全壓）－（靜壓）

全壓

液體

空速計的刻度
動壓的大小與刻度

首先，先來看利用動壓測量速度的空速計。另外，在航空界所使用代表速度的單位，和海運界一樣，為1小時前進1海里（1.852公里），也就是節。

在空速計上的刻度顯示著空氣是以多快的速度撞上皮托管。比如說，飛機在跑道上滑行時，空氣速度為100節（每小時185公里），那麼空速計就會顯示100節。如此一來，在**標準大氣狀態**時，空速會與飛機和跑道的相對速度（對地速度）相同，以方便進行起飛距離的各種計算。

問題就在於飛機起飛之後。因為小型飛機以低速在低空飛行，空氣的速度和空速計之間的差異非常的微小。為了讓差異更明顯，提高高度來看看。

比如說，維持在指示空速250 IAS往上爬升。隨著高度爬升，空氣密度也會減少，如果要維持250 IAS的速度，換句話說，為了維持相同大小的動壓，必須要增加空氣的速度。如圖所示，如果要維持與在地上速度相同的動壓，在10,000公尺的高空時就必須額外將速度增加162節（每小時300公里）。但是駕駛不需要在意隨著高度升高而改變的空氣速度，因為只要維持一定的指示空速，就可以產生足以支撐飛機的升力。

只要維持相同指示空速，不論在什麼高度都可以獲得相同的空氣作用力，也就是說「不論在什麼高速，在駕駛艙都會聽到相同大小的風切聲」。

● 空速計的刻度

因為在地上飛機的速度和空氣的速度相同，空氣速度為250節（463 km/h）時，空速計也顯示250 IAS。

$$（動壓）= \frac{1}{2}（空氣密度）\times（空氣速度）^2$$

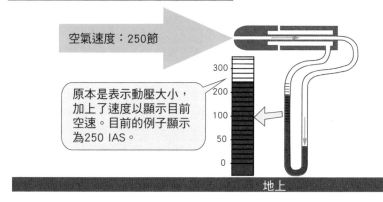

空氣速度：250節

300
200
100
50
0

原本是表示動壓大小，加上了速度以顯示目前空速。目前的例子顯示為250 IAS。

地上

在高度10,000m時，空氣密度為地上的1/3，為了獲得同樣的250 IAS，因為空氣密度減少，而必須將空氣的速度增加162節（300km/h），提升至412節（763km/h）

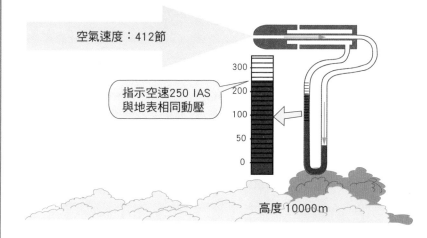

空氣速度：412節

300
200
100
50
0

指示空速250 IAS 與地表相同動壓

高度 10000m

什麼是空氣的速度
真實速度與風

在計算動壓的公式中所表示的空氣速度，指的不單只有通過皮托管的空氣速度，而是撞向飛機的空氣整體速度，換句話說，就是飛機和空氣擦身而過的速度。也可以說是飛機在靜止的空氣中飛行的速度。這個空氣速度，代表的是飛機相對於空氣的真實速度，稱為真實空速（TAS）。在航空力學中出現的「速度」，沒有特別指明的話，指的就是真實空速。

真實空速和一般的時速相同，指的是在固定時間內的移動距離。但是要注意的是，這邊說的移動距離，是指與空氣之間的移動距離（業界用語為Air Mile，空里：NAM）。空中移動的速度稱為真實空速，相對於此，汽車在地上的移動速度，就是對地速度（GS）。

真實空速與對地速度不同的地方不在於飛機，而是在於空氣有沒有在移動，換句話說，是風的問題。汽車時速表上顯示每小時80公里，意思就是與風完全無關，每小時前進80公里。但是飛機完全不同。那是因為風在高空時的影響非常巨大。

比如說，往西飛行的羽田到福岡的時刻表，冬天和夏天差距30分鐘。夏天時無風，飛機可以在不受風的影響下，使飛機以與對地速度相同的真實空速飛行。但是冬天有高速氣流（西風帶特別強的部分），且逆風飛行時，真實空速就會比對地速度慢，飛行時間就會延長30分鐘。

● 真實空速

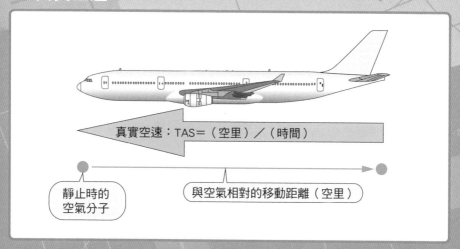

真實空速：TAS＝（空里）／（時間）

靜止時的
空氣分子

與空氣相對的移動距離（空里）

● 真實空速與對地速度

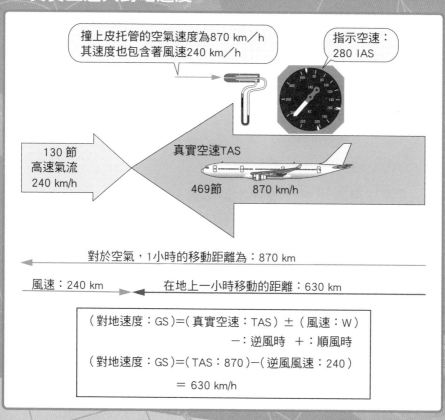

撞上皮托管的空氣速度為870 km／h
其速度也包含著風速240 km／h

指示空速：
280 IAS

130 節
高速氣流
240 km/h

真實空速TAS

469節　　870 km/h

對於空氣，1小時的移動距離為：870 km

風速：240 km　　在地上一小時移動的距離：630 km

（對地速度：GS）＝（真實空速：TAS）±（風速：W）
　　　　　　　　　　　　－：逆風時　＋：順風時
（對地速度：GS）＝（TAS：870）－（逆風風速：240）
　　　　　　　　＝ 630 km/h

其他對空速度
還有其他的對空速度

　　對駕駛來說，指示空速儀表所顯示的指示空速非常的重要。因此，飛機上的皮托管設置的地方，不會因為飛機改變飛行方向時產生不同空氣流動方向，而產生極端的數值。即使如此，多少還是會因為飛行姿態不同，或是皮托管本身出問題而產生誤差。

　　為了彌補誤差，還有一個不同的對空速度：校正空速（CAS）。因為現在的高科技飛機會自動修正誤差，所以可以直接把指示空速儀表上面所顯示的速度當作是CAS。以CAS為定義的速度有：失速速度（因為升力急速減少及阻力急速增加，導致無法維持速度和高度，轉變成不穩定狀態的速度）、起飛決斷速度V_1、抬輪速度V_R、安全起飛速度V_2等等的起飛速度。

　　接著是因為空氣壓縮而產生的誤差。因為飛行速度增高，被壓縮的空氣所產生出來的壓力會使得皮托管誤判為動壓，而指示出比實際速度還快的速度。此時以CAS計算空氣作用在飛機上的作用力大小時，會出現錯誤的數值。

　　這邊就要使用另一個速度計算方式，當量空速（EAS），也就是減去因為空氣壓縮而產生出的多餘壓力，換句話說，精確地計算動壓，並且轉換成速度。只要EAS相同，不論是在什麼高度，都能計算出同樣的動壓，同時也能得知當時的空速。雖然EAS並不是實際上皮托管所測出來的速度，而是用公式計算出來的速度，但是在設計飛機，以及測量飛機機體強度等等時所使用的空速，並不是IAS或是CAS，而是EAS。（請參考專欄-2）

● 各種對空速度的關係

IAS　　　指示空速　　　　　　由皮托管所測得的（全壓）－（靜壓）顯示在儀表上的速度

修正誤差：IAS±ΔV

CAS　　　校正空速　　　　　　修正指示空速誤差之後的速度

修正因空氣壓縮產生的誤差：CAS－ΔV

EAS　　　當量空速　　　　　　標高0m為基準，任意高度都能獲得同等動壓的速度

因空氣密度而修正＊

TAS　　　真實空速　　　　　　與靜止的空氣的相對速度

隨風而修正：＋順風，－逆風

GS　　　對地速度　　　　　　和地表的相對速度

＊EAS與TAS的關係

標高0m時EAS所測得的動壓與各種高度的動壓都相同，推得：

$$\frac{1}{2}（標高0m時的空氣密度）\times（EAS）^2$$

$$=\frac{1}{2}（各種高度的空氣密度）\times（TAS）^2$$

從這邊可以推得

$$EAS=\sqrt{\frac{（各種高度的空氣密度）}{（標高0m的空氣密度）}}\times TAS$$

或是

$$EAS=\sqrt{空氣密度比}\times TAS$$

什麼是馬赫

2-12

為什麼飛機與音速有關係

　　音速和飛行速度的關係，不僅止於飛機是發出非常大的聲音飛行。那我們來確認飛機為什麼與聲音的速度有關係吧。聲音是藉由空氣中的壓力變化，以波狀傳遞的。聲音以外的東西在空氣中產生波動時，也會和聲音以同樣速度傳遞。就像是船經過水面會留下白色浪潮的波動一般，飛機在空氣中飛行時，也是一邊產生著波動一邊飛行。這種空氣波動以同等於聲音的速度擴散開來。也就是說，對飛機來說，重要的不是聲音，而是聲波在空氣中傳遞的機制。

　　如同剛剛所提到的，飛機與聲音並沒有特別的關係。但是，在飛機的前方卻有「音障」。其中一個就是震波。之所以波浪都集中在船首，是因為船比船本身激起的海浪還要快。同樣的，飛機也比飛機本身所激起的空氣波動還要快時，首先，主翼上面的空氣波動會先被壓縮，而非機首，進而產生震波。因此阻力會急速地增加，可能會產生被稱為抖振的機體震動。因此必須要知道飛行速度要到多少才會產生震波。這邊就要提出馬赫。所謂的馬赫，就是真實空速與音速的比例，1馬赫代表著音速同速。音速會隨著高度（氣溫）產生變化。但是只要使用馬赫，無論任何高度，只要速度到達1馬赫就代表會產生震波，是一個不用知道實際上的音速，相當方便的單位。無論飛機的飛行速度是否超過音速，只要飛機的某些部位超越音速，此時的飛行速度就稱為臨界馬赫數。客機不會加速到這麼快。

● 什麼是馬赫

$$馬赫 = \frac{速度（TAS）}{音速}$$

高度(m)	音速(km/h)
0	1,225
2,000	1,197
4,000	1,169
6,000	1,139
8,000	1,109
10,000	1,078
12,000	1,062

・ 在高度10,000m以862 km/h
的速度飛行，馬赫為

$$馬赫 = \frac{862}{1078} ≒ 0.80$$

・ 高度12,000m以0.88馬赫飛行時
真實空速TAS為

TAS＝1062 X 0.88≒935 km/h

● 震波

飛行速度接近音速時，空氣流速最快的主翼上面，空氣的流動會超過音速，而產生震波。因此不只是阻力急速增加，主翼上面的空氣可能會剝離，進而產生震動機體的抖振。

震波
超音速區域
被震波引導而
剝離的空氣
主翼

・ 通過飛機的部分空氣速度超越音速時，飛機的飛行速度稱為臨界馬赫數。
・ 比如說，目前飛行速度為0.88馬赫，主翼上通過的空氣已經超越音速，此時的0.88馬赫即稱為臨界馬赫。
・ 因為阻力會急速增加，導致耗油跟著增大，現在的噴射客機會以經濟速度飛行，也就是0.80馬赫前後，不會加速到臨界馬赫。

2-13 馬赫的測量方法
與空速計使用相同的皮托管

被震波影響而從主翼上面剝離的空氣會震動機體，也就是抖振，這是高速失速——震波失速的前兆。因此，一般的噴射客機絕對不會加速到臨界馬赫。飛越音速的飛機，做了非常多努力在打破音障上，例如使用三角翼，或是為了抵抗急速增加的阻力而採用的高出力引擎等等。

以音速來區分飛機的速度的話，有以下的名稱：機體本身以及所有其他部位都沒有超過音速的次音速（Subsonic：0.0~0.70馬赫）；整個機體上有部分超越音速，部分沒有超越音速的穿音速（Transonic：0.70~1.2馬赫）；整個飛機全部都超過音速的超音速（Supersonic：1.2~5.0馬赫）以及超高音速（Hypersonic：5馬赫以上）。螺旋槳客機的飛行速度為次音速（0.50馬赫左右），噴射客機為穿音速（0.80~0.86馬赫），現在已經退役的協和式客機是以超音速（2.2馬赫）的速度飛行的。在這邊提一個題外話，塔台與駕駛之間交談時，並不是講「馬赫」，而是用發音清楚的「馬克」。

另外，空速計是利用全壓和靜壓來測定空速，缺點是連空氣的壓縮都會誤判成速度。而馬赫速度儀則是利用皮托管所測得全壓與靜壓的比例來推出馬赫。全壓和靜壓與空氣被壓縮時所成的比例如右圖所示。但是當速度超過1.0馬赫時，皮托管也會產生震波，此時要利用右下圖的圖表來判斷馬赫。

● 馬赫的測量方法

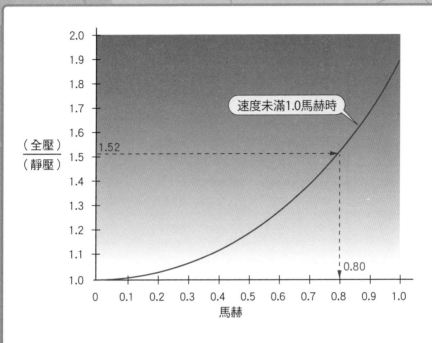

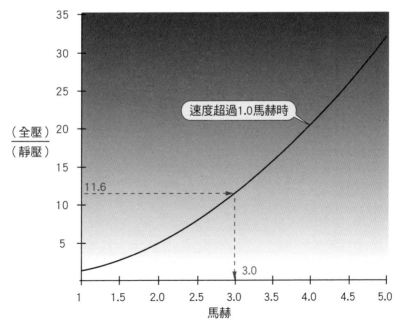

2-14 什麼是氣壓高度
兩種不同的高度

對於飛機來說，速度與高度同等重要。因為飛行高度不同，飛機的性能也會大大的不同。本節我們要確認高度如何測量。

在航空界所使用的高度有兩種。一種高度指的是飛機與跑道，或是障礙物之間實際測量的垂直距離，另一種高度指的是飛機到平均海面的垂直距離，與標高的思考方式相同。飛機與跑道或是與障礙物之間的距離，是由飛機所發射出來的無線電經由跑道或是海面反射，藉由計算發射時間與接收時間的差距來計算垂直距離，這一個裝置稱為無線電高度表。對於飛機的飛行非常的重要，不過對於航空力學來說並不是必要物件。因為無線電高度表是只用在準備著陸時確認高度，決定是否中斷降落或是繼續降落的高度表。

接著來解釋另一種高度。因為升力與阻力的大小、引擎的出力都會受到空氣密度的影響，所以飛機飛行的時候，會希望在固定的空氣密度中飛行。但是空氣密度沒有辦法透過簡單的裝置測量。裝置能輕巧地裝在飛機上，又可以簡單測量的，就是氣壓了。以氣壓為準所測量出來的高度，就是氣壓高度，這個儀表稱為壓力高度表。

問題是，即使是在地上，氣壓也不會一直都一樣。這邊就要使用高度表撥定（Altimeter Setting）的方法來調整高度表的起始點。因為起飛與降落時需要正確的高度，所以設定在地上實際上測量到的氣壓，接著設定較高高度或是海洋上的標準氣壓為1013 hPa，這一個以1013 hPa為原點所假定的高度稱為飛航空層。

● 氣壓高度

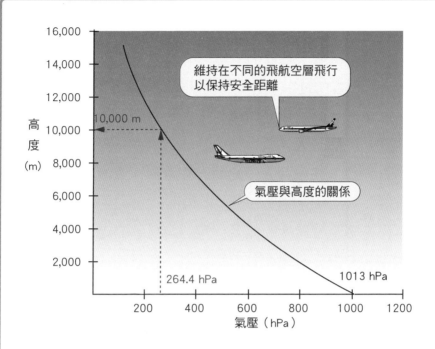

在日本的航空界，飛行高度14,000ft（約4,300m）時，校正值會設定在1013hPa。此時測量靜壓時，會得到264.4hPa，高度表會顯示33,000ft（約10,000m）。此高度稱為飛航空層330。

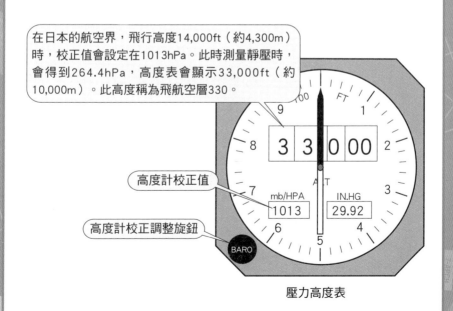

壓力高度表

大氣資料
解讀周圍的空氣

　　飛機是在空氣中飛行的，因此必須要知道跟空氣有關的各式資料，統稱**大氣資料**。在這邊來確定大氣資料的內容吧。

　　以前是每一個不同的儀表各自處理自己的資料，各自顯示。現在是將所有大氣資料集中管理，負責管理的機器叫作**大氣資料計算機**。經過計算機處理過的資料，會傳送給速度儀、引擎控制裝置及飛行管理系統。

　　首先先來看看溫度的測量。雖然說是要測量溫度，測量的地方並不是外界大氣溫度，而是與測量全壓時一樣，測量在滯點的溫度上升程度，利用全溫計來測量**全溫（TAT）**。為什麼要測量全溫，因為飛機飛行時，**必須要知道引擎吸入的空氣溫度為何**。引擎吸入的空氣溫度，並不是一般外界空氣的溫度，而是空氣撞上引擎之後，升溫之後的全溫，而此溫度就會決定引擎的推力大小。

　　接著是速度。空速計是利用皮托管所測得的全壓減掉靜壓孔所測得的靜壓，再以地上的空氣密度為基準計算出指示空速。利用全壓和靜壓的比例計算出的就是馬赫。那麼，從馬赫增加，全溫也會上升的計算公式就可以推得**靜壓空氣溫度（SAT：與全溫相對的溫度，也就是外界空氣的溫度）**。接著，再利用溫度影響音速的原理，可以從靜壓空氣溫度算出音速。將這邊算出來的音速乘上馬赫就是真實空速。

● 大氣資料

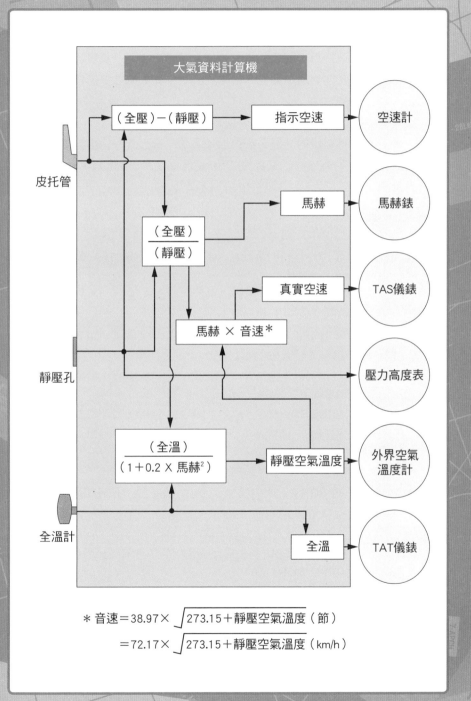

大氣資料計算機

（全壓）－（靜壓） ⟶ 指示空速 ⟶ 空速計

皮托管

（全壓）／（靜壓） ⟶ 馬赫 ⟶ 馬赫錶

真實空速 ⟶ TAS儀錶

馬赫 × 音速＊

靜壓孔

壓力高度表

$$\frac{（全溫）}{（1＋0.2 \times 馬赫^2）}$$ ⟶ 靜壓空氣溫度 ⟶ 外界空氣溫度計

全溫計

全溫 ⟶ TAT儀錶

＊ 音速＝38.97× $\sqrt{273.15＋靜壓空氣溫度}$（節）

＝72.17× $\sqrt{273.15＋靜壓空氣溫度}$（km/h）

速度的計算公式

本文所敘述的白努利公式沒有辦法求得空速。要計算實際的空速時，必須要考慮空氣的壓縮性。白努利公式中有一個計算壓縮流體的公式：

3.5×（p/ρ）＋0.5×ρ V² ＝ 固定大小

在計算飛行速度的時候，必須要加入這一個公式。速度的換算公式如下所示，另外外界空氣溫度：t，溫度比例：θ，壓力比例：δ，密度比例：σ。

（1）從校正空速VC求馬赫VM

VM＝SQRT（5*（（1/δ）*（（1＋0.2*（VC/661.48）^2）^3.5-1）＋1）^0.28571-1））

（2）從校正空速VC求真實空速VT

VT＝661.48*SQRT（5*θ*（（1/δ）*（（1＋0.2*（VC/661.48）^2）^3.5-1）＋1）^0.28571-1））

（3）從馬赫VM求校正空速VC

VC＝661.48*SQRT（5*（（δ*（（1＋0.2*（VM）^2）^3.5-1）＋1）^0.28571-1))

（4）從真實空速VT求校正空速VC

VC＝661.48*SQRT（5*（（δ*（（1＋（1/θ）*（VT/1479.1）^2）^3.5-1）＋1）^0.28571-1））

（5）從馬赫VM求真實空速VT

VT＝661.48*VM*SQRT（θ）

（6）從真實空速VT求當量空速VE

VE＝SQRT（σ）*VT

第3章

升力與阻力

在本章來研究看看為什麼會有升力和阻力吧。看看空氣中有哪些種類的阻力，以及阻力與升力和飛行速度的關係性。

什麼是升力
浮力與升力

　　18世紀首次飛上天空的熱氣球，據說是看見火中冒出來的煙霧而發明的。接著來確認為什麼熱氣球可以浮起來吧。

　　不管水的重量有多重，只要進到水中就沒辦法感受水的重量。空氣也是一樣，所以在空氣中沒辦法測出空氣的重量。為了測量空氣重量，假設有一個長寬10公尺、高度20公尺的空氣柱體，接著就來計算看看這一個柱體的重量。重量如右圖所計算的，為2450公斤。在空氣中，這一根柱子的重量為0，是因為高度0公尺與高度20公尺的氣壓差，換句話說，**柱體往下壓的力量與柱體往上推的作用力相差了2450公斤，與空氣柱的重量2450公斤互相抵消了**。

　　這個因為壓力差而產生的作用力稱為浮力。因為浮力與空氣的重量相同，所以空氣重量才會是0。把這個空氣柱比喻為熱氣球的話，若熱氣球中空氣重量與熱氣球本身一樣重，什麼都不會發生，但若熱氣球整體的重量比氣球中空氣的重量輕，熱氣球就會因為浮力而上升。

　　高度0公尺與高度20公尺的大氣壓力差距只有0.3％。即使差距這麼小，我們也可以知道往上推的作用力非常的大。接著可以思考看看，比空氣重的鳥為什麼可以飛，因為鳥靠著擺動翅膀，製造出翅膀上下不同的壓力差，藉此獲得往上推的作用力。所謂的升力，並不是像熱氣球一樣，藉著比空氣輕而獲得作用力，而是像鳥一樣，藉由移動空氣製造出壓力差而獲得作用力。

● 因壓力差而產生出的作用力

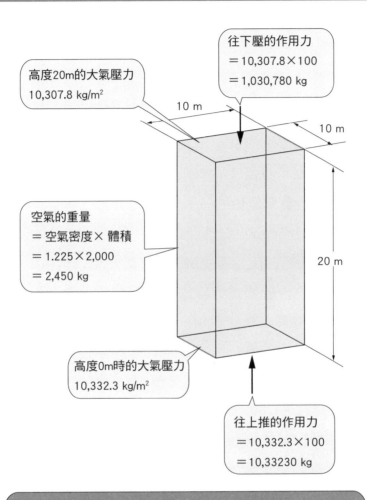

往下壓的作用力
＝ 10,307.8×100
＝ 1,030,780 kg

高度20m的大氣壓力
10,307.8 kg/m²

10 m

10 m

空氣的重量
＝ 空氣密度× 體積
＝ 1.225×2,000
＝ 2,450 kg

20 m

高度0m時的大氣壓力
10,332.3 kg/m²

往上推的作用力
＝ 10,332.3×100
＝ 10,33230 kg

上下的壓力差為1,033,230－1,030,780＝2,450 kg，雖然往上推的作用力比較強，但是因為和空氣的重量2450 kg抵銷，所以什麼都不會發生。但是，把空氣加熱到80℃時，空氣密度會變成1.0，空氣重量會變成2,000kg，往上的推力依舊是2450 kg，多出來的450 kg就會變成浮力，而開始往上浮。

　　鳥藉由翅膀切開空氣，強制製造出上下的壓力差距，進而產生升力。在這邊要來確認什麼形狀的翅膀可以有效率的製造壓力差距。

　　檢查鳥的翅膀剖面時，可以看到一個往翅膀後方的曲線。這個曲線被認為可以減少空氣阻力。在同樣是流體的水中游泳的鮪魚及鰹魚也擁有類似的外型。

　　像魚在水中游泳，或是鳥在空中飛行時，這種能減少阻力，並且減少後方因阻力產生渦流的外型稱為流線型。

　　不過，雖然一樣都是流線型，魚的曲線是左右對稱，鳥的翅膀和飛機的機翼則為非對稱。那是因為鳥的翅膀和飛機的機翼肩負著產生升力的責任。**非對稱的翅膀和機翼比毫無起伏的翅膀和機翼能夠更有效率的產生升力。**

　　弧度（弧線，**Camber**）是用來表示飛機機翼剖面，也就是翼型的非對稱曲線角度有多少。弧度指的並不是機翼上方的曲線角度。在機翼中畫圓，畫線將圓心連接起來，弧度是用來表示這一條線與翼弦之間的距離，並將此距離與翼弦長做比對，兩者之間的比例以%作為單位。因此，像是飛機的垂直尾翼般，或是鮪魚的外型是左右對稱，這種流線型中的圓心連接線與翼弦一致，推得弧度為0%。

　　機翼的外型從萊特兄弟的曲版一直進化到了現在的樣子，其變化可以說是航空界的進化史。

● 翅膀

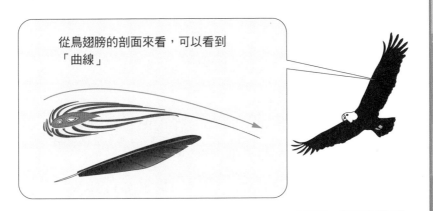

從鳥翅膀的剖面來看，可以看到
「曲線」

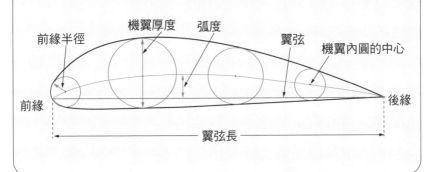

飛機機翼的剖面稱為翼型，和鳥的翅膀一樣有著曲
線。藉著非對稱的曲線製造出弧度。

前緣半徑　機翼厚度　弧度　　　翼弦　機翼內圓的中心

前緣　　　　　　　　　　　　　　　　　　　後緣

翼弦長

機翼與流線型

空氣是怎麼流動的

世界上第一個申請帶有弧度的機翼相關專利的人，是英國的Horatis F. Phillips。他將機翼放入風洞（以人工產生風，類似隧道的裝置）中實驗的結果，在上方有曲線的機翼比毫無起伏的板子更可以有效率的產生升力。在這邊我們來確認把機翼實際上放入風洞時，空氣的流動方向吧。

空氣流動的線稱為流線。因為肉眼看不到空氣，所以實際上會使用細微的煙霧來表示。流線會在滯點分離，分為往上和往下。因此滯點也稱為分歧點。首先，先沿著由滯點分離之後往上的空氣，劃一道曲線。接著再往翅膀尾端畫過去。另外，在滯點分開的空氣，並不會在翅膀尾端匯合，上面的空氣會先通過尾端。

接著要來看機翼周邊的壓力狀態。首先，在滯點附近和皮托管的尖端一樣，動壓為0，因為是靜壓加上動壓的全壓，所以此部位比周圍的氣壓還高。另外，機翼上面的靜壓變小，會形成愈接近機翼壓力愈小的壓力梯度。壓力梯度指的是靜壓與翼面的距離成比例變化的百分比。機翼下面的壓力與上面比起來，不會有太大的變化。

所謂的升力，就是如剛剛所提到的，機翼上面的靜壓比下面低，藉著壓力差產生由下往上推的作用力。

● 翼型與流線型

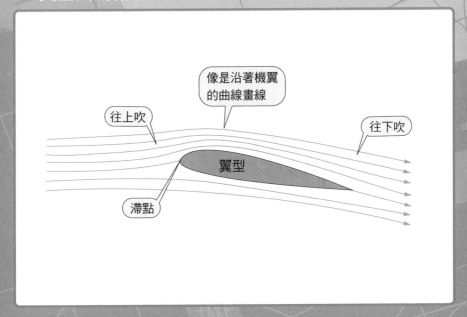

● 翼型與壓力梯度

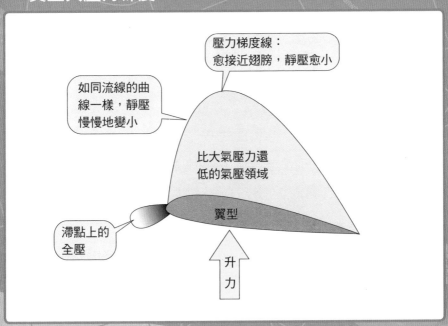

3-04 空氣流速與氣壓梯度
速度先還是氣壓先？

　　為什麼在機翼上面會產生壓力梯度？在這邊先來思考風洞實驗的結果。

　　把曲線當作是圓周運動的一部分時，空氣分子沿著機翼畫曲線時，需要有向心力，也就是往曲線中心拉扯的作用力。機車在進入彎道時，會利用傾斜機車來製造向心力，但是空氣分子沒有辦法傾斜。因此空氣分子藉著製造出外側與內側的壓力差來產生向心力。從機翼上方的曲線愈遠離機翼愈平緩這邊可以知道，機翼上面的壓力最低，而愈遠離機翼壓力就會慢慢升高。這就是壓力梯度。

　　接著是空氣通過機翼上方的速度，流速。空氣分子進入因向心力而形成的壓力梯度時，因為前進方向的氣壓較低，所以空氣會被加速推往後方。而空氣加速等同於動壓變大，前面提過（動壓）＋（靜壓）＝（固定值），可以知道這邊靜壓會慢慢變小。

　　可以推得一個重要的相互作用：「壓力差讓流速產生變化，而流速的變化則維持著壓力差」。重要的並不是像「蛋生雞還是雞生蛋」般，去思考到底是流速變快所以壓力變低，還是因為壓力變低所以流速變快，重點在於「因為這種相互作用，使得壓力與流速得以維持」。如果只有產生一瞬間的升力是不夠的。為了要支持飛行中的飛機重量，維持與飛機同等重量的升力是非常重要的。

● 空氣流速與氣壓梯度

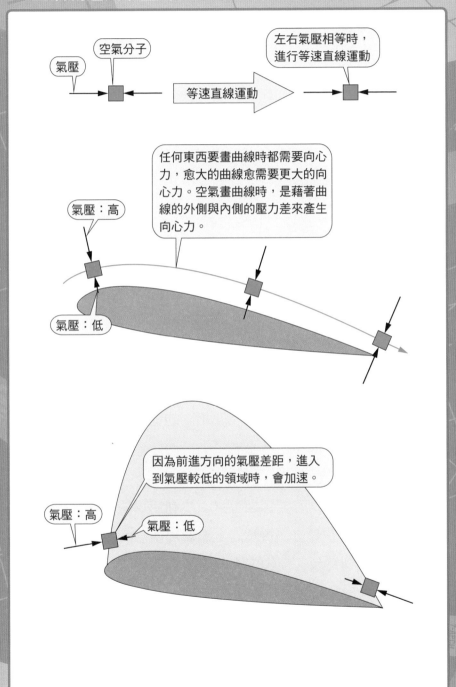

升力公式
動壓與循環理論

　　機翼接觸到空氣時，藉著將空氣巧妙分開製造出氣壓梯度，這時所產生的作用力，就稱為升力。機翼從空氣中所接受到的作用力為：

（機翼從空氣中所接受到的作用力）＝（動壓）X（機翼面積）

　　根據機翼處理動壓的方式，換句話說，根據機翼的形狀或是撞上空氣時的角度，會改變升力的大小，對應這個變化的係數，稱為升力係數。因此可以推得：

（升力）＝（升力係數）X（動壓）X（機翼面積）

　　這個公式可以應用在航空力學，以及航空界各領域。

　　但是，要求得在機翼上固定量的升力，還需要一個公式。此公式直到20世紀才出現，也就是環量理論。比如說，丟球時，在球上加上迴轉的作用力的話，會丟出變化球。由於空氣有黏性（空氣流速不一致時，試圖使流速相同的性質）且球迴轉的速度產生了環量（粗淺的說法就是漩渦），使得通過球體的空氣流速不同，才會有這種現象。

　　庫塔‧儒可夫斯基定理則更進一步利用環量理論來說明機翼與空氣的關係。空氣流過機翼時，機翼周圍自然產生了空氣流過機翼上方時流速變快，流過下方時減緩的循環，接著就可以用空氣密度、流速與環量三個係數來表示升力：

（升力）＝（空氣密度）X（流速）X（環量）

　　在製作機翼的形狀時，可以利用這一個公式來定量化升力的正確大小。

● 升力的公式

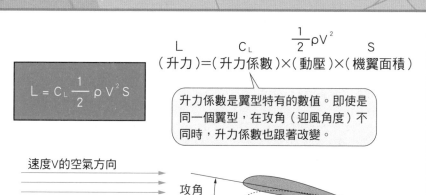

$$L = C_L \frac{1}{2} \rho V^2 S$$

L　　　C_L　　　$\frac{1}{2}\rho V^2$　　S
（升力）＝（升力係數）×（動壓）×（機翼面積）

升力係數是翼型特有的數值。即使是同一個翼型，在攻角（迎風角度）不同時，升力係數也跟著改變。

速度V的空氣方向

攻角

● 環量理論

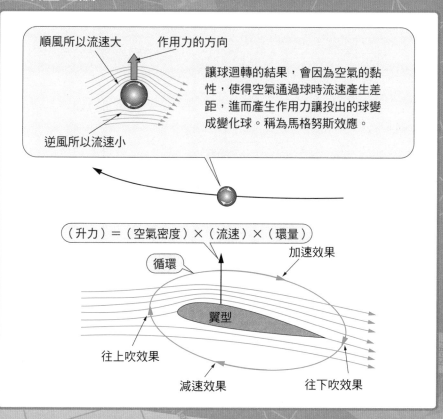

順風所以流速大　　作用力的方向

逆風所以流速小

讓球迴轉的結果，會因為空氣的黏性，使得空氣通過球時流速產生差距，進而產生作用力讓投出的球變成變化球。稱為馬格努斯效應。

（升力）＝（空氣密度）×（流速）×（環量）

加速效果

循環

翼型

往上吹效果

減速效果　　往下吹效果

3-06 攻角與升力係數
基本上成比例

　　從升力的公式可以知道，升力與空氣密度及翼面積成比例，且即使空氣密度與翼面積固定，**攻角**不同時，升力係數就會產生變化，升力也會改變。以圖來表示攻角與升力係數之間的關係，繪製出來的線稱為**升力曲線**。接著來確認會如何變化吧。

　　如果是有弧度的翼型，攻角0以下，也就是說即使飛機的姿態朝下，升力係數只要是正數，也會產生升力。但是，如果是弧度為0的對稱翼型，攻角為0升力係數就等於0，所以不會產生升力。例如垂直尾翼在攻角為0時也不需要產生作用力，所以弧度為0。

　　攻角慢慢變大的時候，基本上升力係數是呈直線上升。攻角增加也會增加升力是因為流線的曲線增大時，空氣通過機翼之後往下吹的角度也愈大。說是這樣說，升力係數也不會無止境增大。

　　到某個角度時，空氣就無法沿著機翼上方流動，接著機翼上方的空氣會開始剝離，此時的升力指數就不會繼續直線往上升。因為剝離之後的空氣會在機體的後方，或是水平尾翼的附近產生漩渦，此時就會產生讓整個機體大幅度震動的**抖振**。如果繼續增加攻角，升力係數超過最大值之後，此時不是只有升力急速減少，阻力也會急速增加，使得飛機失去支撐，變成失速狀態。

● 攻角與升力係數

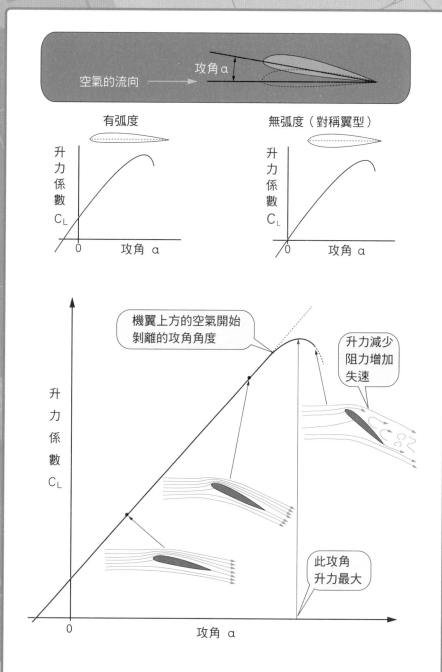

計算升力係數
升力係數的實際數值

　　實際上的升力係數是怎麼樣的數值呢？來求看看波音747－200在高度10,000公尺以0.83馬赫飛行時的升力係數吧。

　　首先，10,000公尺高空時的音速為每秒300公尺。0.83馬赫時的真實空速TAS為：

$$TAS＝300 \times 0.83＝249 \text{ m/s}$$

從升力公式中可以推得升力係數：

升力係數＝（2×升力）/（空氣密度×飛行速度^2×翼面積）

　　又，巡航時，升力＝飛行重量推得升力250噸，波音747的翼面積是511平方公尺，把高度10,000公尺時的空氣密度0.0421 kg・s^2/m^4代入，可以推得：

升力係數＝（2×250000）/（0.0421×249 × 249×511）

≒0.375

　　接著來求看看降落姿態時的升力係數。假設進入降落姿態的速度為每秒86公尺（每小時310公里），並且高度維持在900公尺，因為900公尺時空氣密度為0.1145，推得：

升力係數＝（2×250000）/（0.1145×86×86×511）

≒1.155

　　從這邊可以知道降落時的升力係數比巡航時大多了。這是因為襟翼往下的關係。即使飛行速度只有巡航時的三分之一，因為高升力裝置，也就是襟翼往下，使攻角增加而獲得大如1.155的升力係數，因此所產生出來的升力足以支撐250噸的飛機。

● 計算升力係數的公式

$$L = C_L \frac{1}{2} \rho V^2 S \qquad \Longrightarrow \qquad C_L = \frac{2L}{\rho V^2 S}$$

● 飛行高度10,000m，0.83馬赫時的升力係數

$$C_L = \frac{2 \times 250000}{0.0421 \times 249^2 \times 511} \fallingdotseq 0.375$$

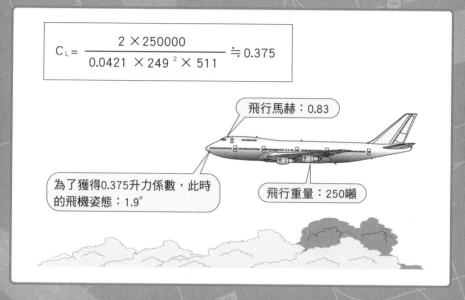

飛行馬赫：0.83

飛行重量：250噸

為了獲得0.375升力係數，此時的飛機姿態：1.9°

● 飛行高度900m，進入降落速度86 m/s時的升力係數

$$C_L = \frac{2 \times 250000}{0.1145 \times 86^2 \times 511} = 1.155$$

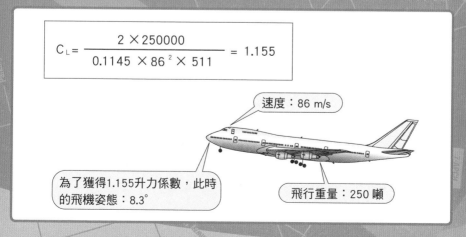

速度：86 m/s

飛行重量：250 噸

為了獲得1.155升力係數，此時的飛機姿態：8.3°

機翼的種類
從萊特兄弟開始的變化

3-08

世界首次成功實行動力飛行的萊特兄弟所使用的飛機翼型，只是將平板稍微彎曲而已。但是因為當時機翼前緣並非圓滑型，使得阻力增大，法國發明家布萊里奧將其改良成圓滑型。到了1910年之後，就是使用RAF（英國皇家空軍）及NACA（美國航空諮詢委員會，NASA的前身）所開發的翼型。現在則是各個廠商使用各自開發的翼型。這邊我們來看看超臨界機翼。

超臨界機翼的上面接近全平面，往機翼後緣部分有一點點的弧度，特徵是在機翼下方後緣的部分有一個很大的曲率。飛行速度接近音速時，機翼上方的空氣就會開始剝離進而增加阻力，稱為阻力發散現象。產生阻力發散的飛行速度稱為阻力發散馬赫。因為這一個翼型的曲線較小，震波只會在機翼前緣產生，也比較小，因此較難產生空氣剝離，阻力發散馬赫也比較大，是最適合在0.80馬赫左右速度飛行的翼型。

另外，以前飛機的機翼從機體到機翼尖端都是同樣的形狀，現在則都是不同形狀，設計成即使飛機是以水平姿勢飛行也會有攻角，愈往機翼尖端攻角愈小，讓機翼尖端不容易失速。比如說波音747的機翼，在接觸機體的機翼成＋2°，機翼尖端則是往下的－1.5°。

● 機翼外型的歷史

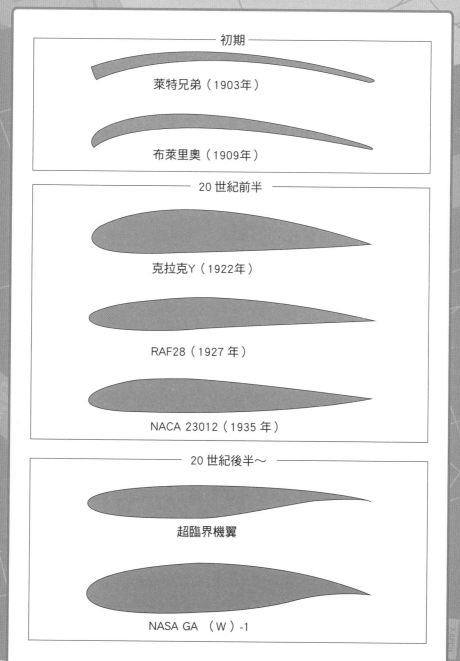

機翼的形狀
由上往下看機翼外型

在這邊來確認各個機翼的特徵與外型吧。

首先是**橢圓翼**。形狀接近橢圓的這種翼型，因為升力分布非常的理想，**誘導阻力**（因為升力的代價所產生的阻力，在阻力的章節會說明）較小，以空氣力學來說是非常優秀的外型。但是因為構造複雜，使得製造成本較高，現在幾乎沒有生產這種翼型。

矩形翼的翼尖（機翼尖端部位）升力較大，所以在翼根（機翼連結機身的部分）會加強結構，也因此誘導阻力會比較大。但是因為與其他翼型比較起來構造簡單成本低，且操縱性好，也不容易產生翼尖失速，因此在訓練機等等的飛機上常見這種翼型。

接著是**尖狀翼**。翼尖弦長與翼根弦長比例稱為漸縮比。漸縮比愈小，機翼尖端就愈細小。因為可以減少翼根的作用力，在維持強度的前提下也可以有效的輕量化，現行的飛機大部分都是採用尖狀翼。另外，適度的漸縮比有著可以如橢圓翼般減少誘導阻力的優點。

後掠翼是機翼尖端往後退的翼型，後退角度稱為**掠角**。掠角愈大臨界馬赫（請參考**2-12**）就愈高，因此以跨音速或超音速飛行的飛機都是使用後掠翼。

三角翼的掠角非常的大，因此阻力發散非常的小，所以超音速飛機都是使用三角翼。

● 各種機翼的例子

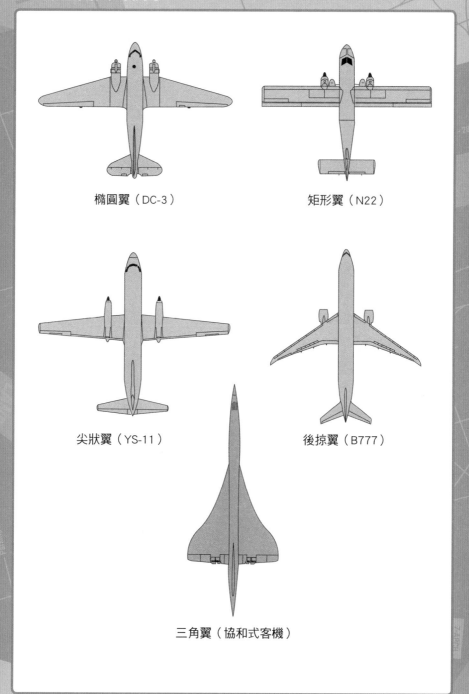

橢圓翼（DC-3）

矩形翼（N22）

尖狀翼（YS-11）

後掠翼（B777）

三角翼（協和式客機）

機翼面積與展弦比

3-10

與升力有直接關係的翼面積

在這邊來確認如機翼面積或是後掠角等等，表示機翼特徵專有名詞的定義吧。

翼面積指的是從機翼上方投影的面積，如圖所示，包含著部分機體，一般是以記號「S」來表示。從一邊的翼尖到另一端的翼尖的距離稱為翼展長度，通常是以記號「b」表示。翼縮比則是用記號「λ」表示，代表著翼根與翼尖的翼弦比例。另外，後掠角Λ並不是從機翼前緣開始測量，而是從翼弦的四分之一的部位所測量的後退角度。

接著是展弦比。簡單地說就是以數值來表示機翼的細長程度。以矩形翼為例，展弦比就是單純機翼的長寬比。但是尖狀翼就沒有這麼單純了。假設展弦比為AR，翼展長度為b，翼弦為c，因為S＝bc，所以：

$$AR＝b/c$$

可以推得：

$$AR＝（b/c）\; X\;（b/b）$$
$$＝b^2/bc$$
$$＝b^2/S$$

也就是說：

$$展弦比＝（翼展長度）^2/（翼面積）$$

展弦比愈大，就表示機翼愈細長。這邊說一個題外話，展弦比的英文Aspect Ratio同時也代表著電視的長寬比，類比時期的電視畫面為4比3，數位時代的電視畫面比例為較長的16比9。

（註：這邊說的是日本當地的情況。）

● 翼面積‧展弦比‧漸縮比

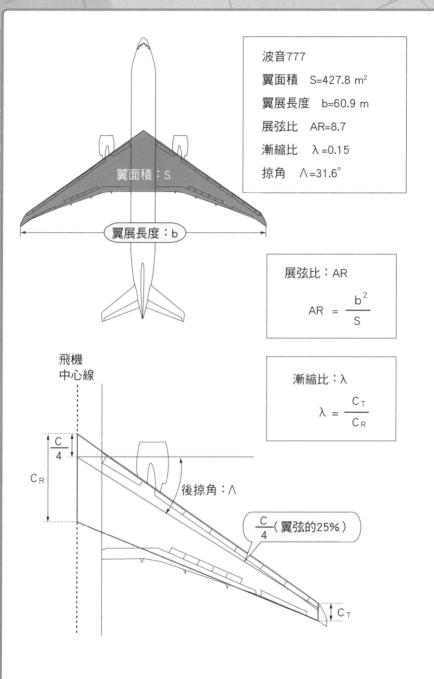

波音777

翼面積　S=427.8 m²

翼展長度　b=60.9 m

展弦比　AR=8.7

漸縮比　λ=0.15

掠角　Λ=31.6°

翼面積：S

翼展長度：b

展弦比：AR

$$AR = \frac{b^2}{S}$$

漸縮比：λ

$$\lambda = \frac{C_T}{C_R}$$

飛機
中心線

$\frac{C}{4}$

C_R

後掠角：Λ

$\frac{C}{4}$（翼弦的25%）

C_T

3-11 升力分布
升力與失速

　　在這邊來確認在機翼上的升力分布狀態與空氣剝離時的狀態吧。另外，右圖中，藍色的部分指的是升力分布，紅色與橙色的部分表示空氣的剝離狀態。

　　橢圓翼的升力分布是愈往翼尖升力愈小。因為翼根附近升力較大，因此攻角增加時，空氣會先從翼根部分開始剝離，慢慢擴散到全部機體。這種失速稱為**翼根失速**。

　　矩形翼的升力分布和橢圓翼比起來，翼尖附近的升力沒有明顯的減少。也因此翼根就會出現強度不夠的問題。為了補強翼根的強度，如右圖所示，設計上會將機翼從機體的上方往外展開，此外機翼的部分也會有支撐柱。另外，失速特性與橢圓翼相同，空氣會先從翼根附近開始剝離。

　　尖狀翼的升力分布的特性是愈往翼尖升力愈小，且有著漸縮比愈大，翼尖部分的升力係數就愈大的傾向。同時具有**後掠翼與尖狀翼兩種特徵的機翼**，翼尖部分的升力係數會比單純尖狀翼還要更大。因此，攻角增加時，空氣會先從翼尖開始剝離，慢慢擴展到整體。這種失速稱為**翼尖失速**，一旦發生這種失速，就會出現左右搖晃，進而失去穩定性，接著翼尖的輔助翼慢慢失效，有可能會使飛機進入螺旋狀態。

　　為了防止翼尖失速，在飛機設計上也有不少對應方法，如設計飛機時「使用適當漸縮比的機翼」，「翼尖的機翼設計成稍微往下，使翼尖的攻角變小」，「低速飛行時，打開前緣縫條減少空氣剝離」等等。

● 升力與失速

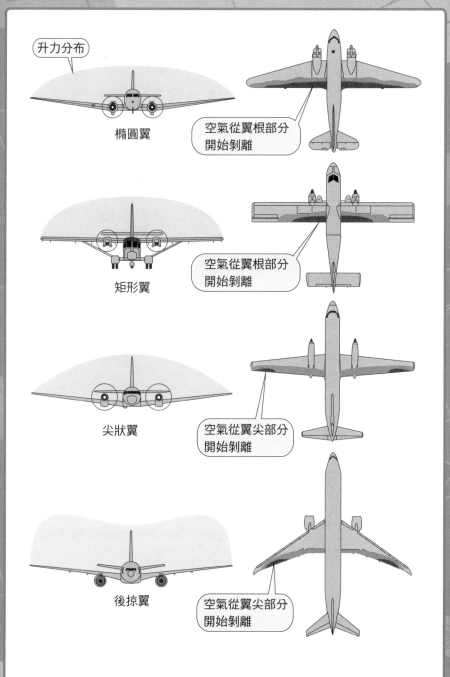

升力分布

橢圓翼

空氣從翼根部分開始剝離

矩形翼

空氣從翼根部分開始剝離

尖狀翼

空氣從翼尖部分開始剝離

後掠翼

空氣從翼尖部分開始剝離

什麼是阻力
與升力同公式

飛機在空中飛行時，是利用空氣的作用力飛行的，其作用力之中與飛機前進路線垂直的作用力稱為升力，與飛行路線反方向的作用力就稱為阻力。

因為都是空氣中的作用力，在公式上的差異只在於使用的係數不同。但是，阻力是飛機整體的問題，為什麼公式中只出現機翼面積呢？那是因為有很多數學上有益的利用方法，如升阻比（為了檢視飛機性能所需要的升力與阻力的比例）就是其中之一。更簡單的說，因為阻力的大小決定阻力係數的大小，機翼面積就代表著機體整體。

從阻力的公式可以猜測阻力的大小是否與飛行速度成比例。當然，的確是有這種與飛行速度成比例的阻力，但是還有另外一種是飛行速度愈慢就愈大的誘導阻力（請參考下一節）。也就是說，在低速時為了要增加升力係數而拉大攻角會耗損相當大的能量。

隨著速度增加的阻力稱為寄生阻力，因為壓力差距產生的阻力稱為壓力阻力，以及空氣摩擦產生的摩擦阻力。其他實際上有作用的阻力，細分如：因飛機外型產生的形狀阻力、導致衝擊波產生的造波阻力及機翼與機體接合處等等部位產生的氣流干涉引起的干擾阻力等等。其他部位如天線或是支柱也都會產生阻力。以上提到的所有作用在飛機上的阻力係數總和起來，就是全阻力的阻力係數。

● 什麼是阻力

$$D = C_D \frac{1}{2} \rho V^2 S \qquad D \qquad C_D \qquad \frac{1}{2}\rho V^2 \qquad S$$
$$（阻力）=（阻力係數）×（動壓）×（翼面積）$$

作用在飛機上
的空氣作用力 ⟹ 升力：與飛行路線垂直的作用力
阻力：與飛行路線逆向的作用力

巡航

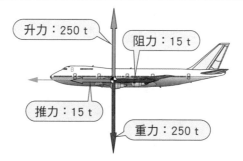

> 升力：250 t
> 阻力：15 t
> 推力：15 t
> 重力：250 t

爬升

> 升力：249 t
> 阻力：15 t
> 推力：37 t
> 重力：250 t

下降

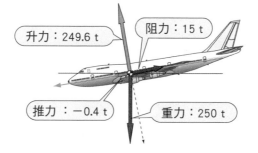

> 升力：249.6 t
> 阻力：15 t
> 推力：－0.4 t
> 重力：250 t

3-13 什麼是誘導阻力
飛機作的功

　　升力可以想成藉由強制原本靜止的空氣運動，而獲得反作用力。阻力就是妨礙飛機前進的作用力，為了抵抗阻力，就必須要有推力。在這邊來思考這些作用力是怎麼互相作用的吧。

　　首先先來看橢圓翼。因為空氣通過橢圓翼之後的流向都相同，在後方每單位時間的下降空氣流量，同等於空氣通過以翼展長度為直徑畫出來的圓的流量。因此，可以用右圖公式來表示藉由把空氣往下吹以獲得反作用力，也就是升力的數值。

　　因此，空氣通過機翼，被機翼往下吹之後，此時空氣每單位時間所持有的能量，就是飛機每單位時間發揮力量往前進所作的功。也就是說，為了以大於阻力的推力前進，導致空氣被吹向後斜下方，就是飛機作的功。

　　物理上的功指的是（推力）×（距離），因為是每單位時間所作的功，因此是（推力）×（速度）。飛機作的功就是為了能抵抗阻力而維持一定的速度，所以是（推力）×（速度）＝（阻力）×（速度）。說個題外話，從剛剛提到的推力與阻力的關係可以知道阻力＝推力，這一個推力稱為需求推力。

　　飛機藉由推力所抵抗的阻力稱為誘導阻力。可以推得：

（誘導阻力）＝（升力）^{2}/{（動壓）×（圓周率）×（翼展長度）^{2}}

　　但是，現在算出來的是橢圓翼的誘導阻力，如果要計算其他種類的翼型，必須要在分母加入翼展效率係數e。

● 什麼是誘導阻力

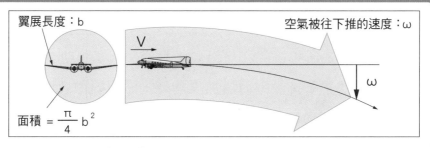

翼展長度：b　　　　　　　　　　　　　空氣被往下推的速度：ω

面積 $= \dfrac{\pi}{4} b^2$

從（升力）$= \dfrac{（質量）}{（單位時間）} \times$（空氣往下推的速度）推得

$$L = \left(\rho \, \frac{\pi}{4} b^2 V \right) \omega$$

每單位時間空氣被往下推的動能：

$$\frac{1}{2}（空氣的質量）\times（往下推的速度）^2$$

$$= \frac{1}{2} \left(\rho \, \frac{\pi}{4} b^2 V \right) \omega^2$$

為了將空氣往下推，飛機每單位時間所作的功是
（推力）$\times$（速度）$=$（阻力）$\times$（速度），所以：

$$D \, V = \frac{1}{2} \left(\rho \, \frac{\pi}{4} b^2 V \right) \omega^2$$

$$D = \frac{1}{2} \left(\rho \, \frac{\pi}{4} b^2 \right) \omega^2$$

將升力公式中的 ω 帶入的話

$$D = \frac{1}{2} \left(\rho \, \frac{\pi}{4} b^2 \right) \frac{L^2}{\left(\rho \, \frac{\pi}{4} b^2 \right)^2 V^2}$$

$$\therefore \quad D = \frac{L^2}{\left(\frac{1}{2} \rho V^2 \right) \pi \, b^2}$$

$$（誘導阻力）= \frac{（升力）^2}{（動壓）\times（圓周率）\times（翼展）^2}$$

誘導阻力係數
從阻力係數可以知道的事情

從前面公式所推得的，可以知道誘導阻力與升力成兩倍的比例，因此為了維持升力而增加攻角時，誘導阻力就會跟著增加。也就是說在飛行速度緩慢時，為了要維持足以支撐飛機重量的升力，會損失相當大的能量。

為了可以更詳細理解誘導阻力，來求求看誘導阻力係數吧。如右圖所示，將升力與阻力等等各種公式代入誘導阻力的公式，誘導阻力係數C_{Di}會是：

C_{Di}＝（升力係數）^{2}/{（翼展效率係數）×（圓周率）×（展弦比）}

從這邊可以知道，要將誘導阻力變小有兩個方法，一個是將翼展效率係數盡可能降到和橢圓翼相同的1.0，以及加大展弦比。

適當的漸縮比有可能使誘導阻力的大小接近橢圓翼。加大展弦比也可以降低誘導阻力。但是，展弦比加大時，升力係數也會提升，因此誘導阻力也會跟著增加，此外機翼過於細長時，也不能忽視機翼的強度以及機翼內油箱的位置和重心問題，還有機場夠不夠寬大等等。

噴射客機在巡航時全阻力裡面有45％是誘導阻力。為了縮小誘導阻力及節省燃料費，有幾個不同的方法，如在主翼尖端上裝有與加大展弦比同等效果的翼尖小翼，以及在翼尖製造出比主翼的掠角更大角度的上帆角等等。

● 誘導阻力係數

$$（誘導阻力）= \frac{（升力）^2}{（翼展效率係數）×（動壓）×（圓周率）×（翼展）^2}$$

誘導阻力D_i、誘導阻力係數C_{Di}、翼展效率係數e，推得：

$$D_i = \frac{L^2}{e\left(\frac{1}{2}\rho V^2\right)\pi b^2}$$

將升力 $L = C_L \frac{1}{2}\rho V^2 S$、阻力 $D_i = C_{Di}\frac{1}{2}\rho V^2 S$ 代入，推得

$$C_{Di}\frac{1}{2}\rho V^2 S = \frac{\left(C_L\frac{1}{2}\rho V^2 S\right)^2}{e\left(\frac{1}{2}\rho V^2\right)\pi b^2}$$

$$C_{Di} = \frac{C_L^2 S}{e\pi b^2}$$

$$= \frac{C_L^2}{e\pi\left(\frac{b^2}{S}\right)}$$

這邊的 $\frac{b^2}{S}$ 等於展弦比AR，所以：

$$C_{Di} = \frac{C_L^2}{e\pi AR}$$

$$（誘導阻力係數）= \frac{（升力係數）^2}{（翼展效率係數）×（圓周率）×（展弦比）}$$

＊翼展效率係數e：橢圓翼$e=1.0$，其他翼型$e=0.85\sim0.95$

3-15 翼尖渦流與誘導阻力
渦流與誘導阻力的關係

　　飛機作功產生升力時，有一個阻力是必須要克服的，就是誘導阻力。在這邊利用圖解再確認一次誘導阻力是什麼吧。

　　機翼產生升力時，機翼上方的氣壓比機翼下方的氣壓低。因此在翼尖部分會產生一股氣流，機翼下方的高壓空氣往上方的低壓空氣流動。這一個流向同時間會受到飛行時空氣流過機翼的氣流影響，進而在後方形成渦流。也就是說，機翼為了製造升力而產生的壓力差，使得翼尖部分產生渦流。

　　如右圖所示，升力與被翼尖渦流往下帶的空氣流向成直角，與機翼前方的氣流所產生的升力相比，稍微的往後方傾斜。而這一個使得升力往後方傾斜的作用力，就是誘導阻力。從這邊可以知道，空氣被往後斜下方推的角度愈大，升力就愈大，而誘導阻力也會與升力成同等比例增加。

　　也可以說，誘導阻力就是作為產生升力的代價所產生的作用力。機翼愈長或是愈細，愈不容易產生翼尖渦流，誘導阻力也就愈小。這件事情，也可以從誘導阻力與展弦比成反比來確認。

　　這邊說一個題外話，翼尖渦流所包含的能量非常的強。強到即使飛機已經通過該空氣數分鐘以上，另一台飛機再次飛進該區域時還是會遭遇到非常強的亂流使得機身大幅度搖晃。降落時特別危險，為了避免亂流的情況，降落時會以重量來區分時間或是距離的間隔，如H（13.6噸）、M（7～13.6噸）及L（未滿7噸），稱為飛行亂流分類。

● 翼尖渦流

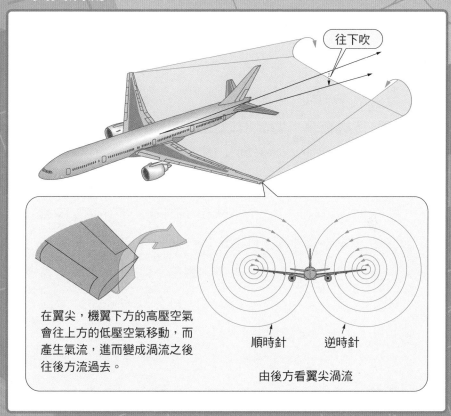

往下吹

在翼尖，機翼下方的高壓空氣
會往上方的低壓空氣移動，而
產生氣流，進而變成渦流之後
往後方流過去。

順時針　逆時針

由後方看翼尖渦流

● 誘導阻力

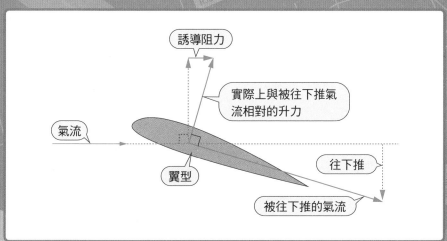

誘導阻力

實際上與被往下推氣
流相對的升力

氣流

翼型

往下推

被往下推的氣流

在調查誘導阻力以外的寄生阻力之前，先來確認空氣在機體以及機翼表面流動的狀況吧。

也許小昆蟲在飛行時也有感受到空氣黏黏的吧。空氣的黏性，指的是空氣流速不一致時，會產生一個作用力試圖使流速一致，因此產生出來的空氣特性。飛行時，因為空氣黏性的關係，附著在機體及機翼上的空氣流速變成0。而附著在機體及機翼上的空氣因為空氣的黏性所產生出來的作用力（剪應力），會試圖將周圍的空氣也變成0。受到影響的空氣就會開始慢慢減速，形成了速度梯度。這一個因為受到空氣的黏性影響流速，數公釐到數公分的區域就叫作邊界層。

邊界層中，黏性較強且沿著表面規律的流動，速度梯度較大的區域稱為層流邊界層。而流動慣性較強、流動方向雜亂的空氣藉由能量交換使得速度梯度平均化，空氣在表面附近的流速也相當快，這個區域稱為亂流邊界層。但是，雖然稱為亂流邊界層，不代表裡面的空氣都是亂流，接近表面的部分的亂流被壓成像是一層薄膜般，在表面形成層流層。

邊界層對於空氣剝離及阻力有相當大的影響，因此必須要知道邊界層中的空氣流向是屬於層流邊界層還是亂流邊界層。這邊就要提出雷諾數來參考。雷諾數指的是慣性力與黏性力的比值量度。流向被黏性力所支配就是層流，而亂流則是流向被慣性力所支配。從層流轉移到亂流時的雷諾數則稱為臨界雷諾數。

● 邊界層與雷諾數

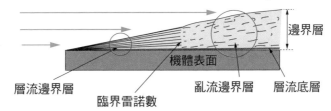

$$雷諾數 = \frac{慣性力}{黏性力}$$

雷諾數大：慣性力支配流向

雷諾數小：黏性力支配流向

不受表面影響的空氣流向

受表面影響的空氣流向

邊界層

機體表面

層流邊界層

臨界雷諾數

亂流邊界層　層流底層

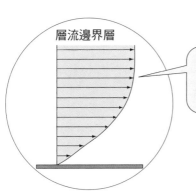

層流邊界層

層流邊界層：空氣平順的沿著機體表面流動。與亂流相比，擁有較容易從表面剝離的特性

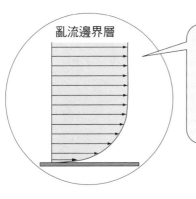

亂流邊界層

亂流邊界層：空氣流向較亂，與層流層比起來較厚。亂流邊界層與層流層相比，亂流層有著不容易從表面剝離的特性。亂流邊界層中也不是全部都是亂流，接近表面的地方會有層流邊界層。

形狀阻力與摩擦阻力
黏性產生阻力

在這邊以球體和流線型為例來調查邊界層與阻力之間的關係吧。

首先來看球體。空氣通過球體時，會畫出一個很大的曲線，之後會處於低靜壓的狀態，此時邊界層的下層部分無法沿著球體的曲線移動，而開始逆流，接著就會從表面剝離，產生渦流。因此球體後方的靜壓比前方要來得低。在3-01也有說明過，即使是小小的壓力差距也會產生相當大的作用力，而這個作用力在這邊就變成了阻止球體前進的阻力。流線型時，後方空氣的剝離非常少，因此前後的壓力差距非常的小，阻力也相對較小。像這樣因為形狀不同所導致的阻力差距稱為形狀阻力。另外，因為壓力差距所產生的阻力，則稱為壓力阻力。

被慣性力所支配的亂流層與黏性支配的層流層相比，亂流層具有較難產生空氣剝離的特性。在主翼和尾翼上有一個小小板狀突起物稱為渦流產生器。就是利用這一個特性，讓層流層轉成亂流層，藉此防止空氣從主翼和尾翼等等的部位剝離。

摩擦阻力就是附著在表面的空氣拉扯周圍空氣的作用力，用專有名詞來解釋的話，就是因剪應力而產生的阻力。因此與形狀阻力比起來，摩擦阻力相當的小。摩擦阻力的大小會受到邊界層中的空氣影響。層流邊界層容易引起空氣剝離，所以摩擦阻力較小，亂流邊界層的空氣不容易剝離，所以摩擦阻力較大。

● 形狀阻力（壓力阻力）

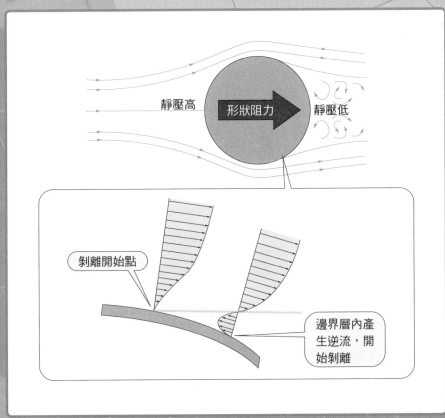

● 摩擦阻力

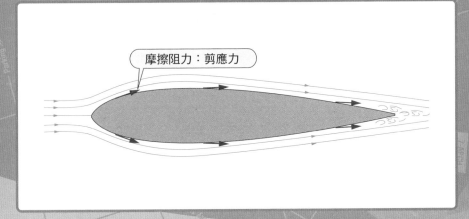

3-18 長短比與阻力
什麼是長短比

在這邊要來確認機體的形狀與阻力的關係，以及什麼是干擾阻力。最大直徑和長度的比例稱為長短比。藉由長短比可以知道流線型與阻力的關係。如右圖所示，長短比在2.5以下時，阻力係數會急速增加，那是因為此時外型偏向球體，因而產生空氣剝離，形狀阻力也會跟著增加。也就是說，長短比在2.5以下時，主要阻力是形狀阻力，超過2.5時的主要阻力則是摩擦阻力。

一般的噴射客機的長短比都在10左右，比如說長短比1.0，球體時的阻力係數在0.3，長短比9.0以上時的阻力係數只有非常小的0.003。

這邊說一下題外話，無論摩擦係數多小，所產生出來的作用多小，機體及主翼都必須要處於光滑的狀態。比如說，機體上有積雪或是結霜的時候，摩擦阻力就會變得非常大。特別是機翼，只要上面有一點點積雪，不只會影響到產生升力的效率，也會增加阻力。所以只要在機翼上面看到積雪和結霜，都會進行清除積雪和除霜的動作。

因空氣的流動方向不同而產生的阻力稱為干擾阻力，會在主翼與機體接合處等等的部位產生。氣流互相干涉時所產生的阻力相當的大。為了避免這種干擾阻力的出現，在主翼和機體的接合處設置了整流片（Fillet），在引擎和主翼的接合處設置了短艙（或稱引擎外罩）。

● 阻力係數與長短比

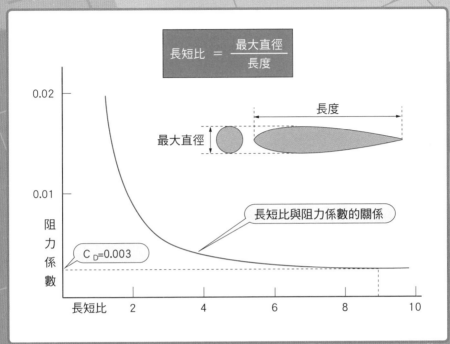

$$長短比 = \frac{最大直徑}{長度}$$

長度

最大直徑

長短比與阻力係數的關係

$C_D=0.003$

0.02

0.01

阻力係數

長短比　2　4　6　8　10

● 干擾阻力

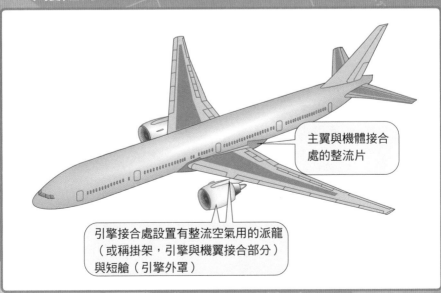

主翼與機體接合處的整流片

引擎接合處設置有整流空氣用的派龍
（或稱掛架，引擎與機翼接合部分）
與短艙（引擎外罩）

3-19 造波阻力
因震波導致阻力急速增加

　　形狀阻力與摩擦阻力因為空氣的黏性所產生，**造波阻力**則是因為空氣的壓縮性而產生。來確認什麼是造波阻力吧。

　　以次音速飛行時不需要考慮空氣的壓縮性。但是速度提升到穿音速時，因為飛行速度已經到達臨界馬赫，機翼上面某些部位已經到達了音速。再把速度往上拉的話，超過音速的部位中被壓縮的空氣就會集合起來進而發生**震波**。船在水上行駛時，引起的波浪會集中在船首，同樣的，飛機在飛行時，空氣的波動也會集中在機首，當飛行速度超過空氣波動往前傳遞的速度時，空氣就會被壓縮，進而產生震波。此時繼續提升速度的話，機翼下方就會產生一個含有巨大能量的震波。

　　空氣的流速和壓力在震波的前方與後方有著大大的不同。震波的前方是超音速領域，震波過後，空氣流速會減慢到音速以下，此時靜壓也會隨著升高。前面章節也提過了，微小的壓力差也會產生一定程度的阻力。也就是說，**震波前後的壓力差會是一個相當大的阻力**。因為空氣被壓縮所造成的波動，其產生的阻力稱為**造波阻力**。這一個阻力比誘導阻力、形狀阻力和摩擦阻力都還要來得大。飛行速度高到產生強大的震波，使得阻力大幅增加的馬赫，稱為**阻力發散馬赫**。

　　比如說波音747-200，臨界馬赫0.86時的阻力係數C_D＝0.028，把速度拉升到阻力發散馬赫0.88時，阻力係數C_D會從0.002急速增加到0.030。因為阻力快速的增加，即使是把推力加到最大也不一定能夠大過增加的阻力，也有可能導致**震波失速**。

● 馬赫與機翼上產生的震波

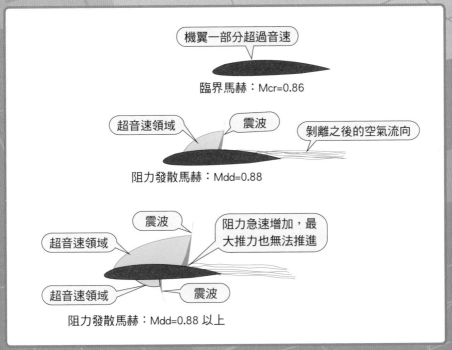

● 馬赫與阻力

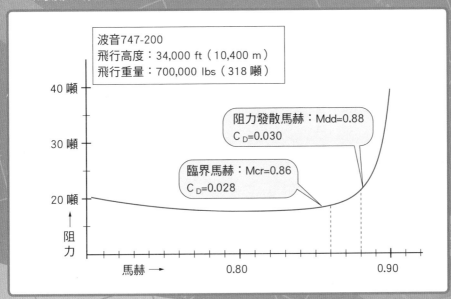

後掠角與臨界馬赫

愈是高速飛行的飛機後掠角愈大

　　穿音速飛行的飛機使用**後掠角**，那是因為在高速飛行時可以降低阻力。在這邊來確認為什麼後掠角可以降低阻力吧。

　　因為高速飛行時的速度，已經超過產生升力所需要的速度，所以重點就要放在如何讓流過機翼的空氣速度不超過音速。也就是說，拉高臨界馬赫界線的同時，也可以拉高阻力發散馬赫的界線。為此機翼愈薄愈有利，但是太薄的機翼又會有強度不夠的問題。

　　有一個方法，就是把整個機翼後掠的角度拉大。這樣子，即使實際上機翼沒有減低厚度，在航空力學上來說機翼卻是變薄，同時也可以加長翼弦。空氣流過機翼的速度會變慢，因此臨界馬赫變高。另外，把速度分成如右圖所示的三個方向，就可以用如圖上的公式來表示0後掠角的臨界馬赫M_{CR}（0）和後掠角Λ時的臨界馬赫M_{CR}（Λ）的關係。

　　比如說，波音777的後掠角為31.6°，臨借馬赫維0.87。若後掠角為0的時候，臨界馬赫為0.74，速度非常的慢。因此飛行速度達到0.74馬赫時會遭遇到非常大的阻力。不過這個計算僅限於紙上的計算，因為實際上機翼加上後掠角的效果會比計算的結果稍微小一些。

　　另外，波音747的後掠角為37.5°，與其他飛機比起來稍微大，一般來說，重視經濟性的飛機的後掠角大多為30°前後。

● 後掠角

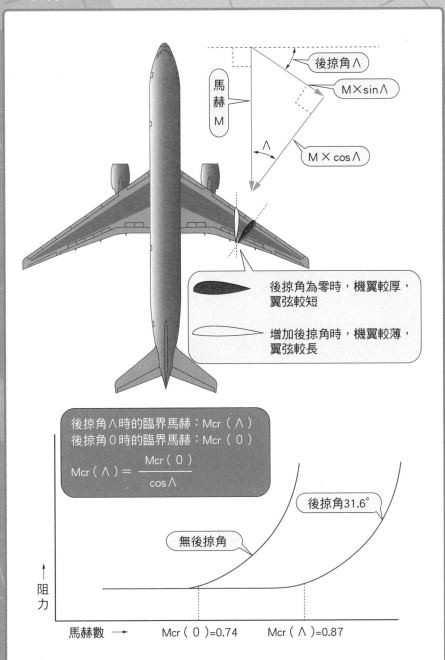

後掠角∧

馬赫 M

M×sin∧

∧

M×cos∧

後掠角為零時，機翼較厚，翼弦較短

增加後掠角時，機翼較薄，翼弦較長

後掠角∧時的臨界馬赫：Mcr（∧）
後掠角0時的臨界馬赫：Mcr（0）

$$Mcr（∧）= \frac{Mcr（0）}{cos∧}$$

後掠角31.6°

無後掠角

↑阻力

馬赫數 ⟶　　　Mcr（0）=0.74　　　Mcr（∧）=0.87

總阻力
飛行速度與阻力

阻力有兩種，作為產生升力代價的誘導阻力，隨著飛行速度增加的寄生阻力（形狀阻力、摩擦阻力、干擾阻力和造波阻力等等）。本節會確認這些阻力在飛行速度增加時，會產生怎麼樣的變化。

飛行速度愈快，升力也就愈大，所以飛行速度愈快，飛機的機首就要愈低，換句話說，就是降低攻角，降低升力係數以保持固定的升力。也就是說，為了固定住支撐飛機重量的升力，飛行速度增加時就必須要降低升力係數。而誘導阻力與升力係數的平方成比例，因此可以知道飛行速度增加，升力係數降低時，誘導阻力也會跟著變小。

把以上所提到的概念，加上**（總阻力）＝（寄生阻力）＋（誘導阻力）**與速度的關係製成圖表看看。寄生阻力與誘導阻力為：

（寄生阻力）＝（阻力係數）×（動壓）×（翼面積）

（誘導阻力）＝（升力）^{2}／（動壓 × 圓周率 × 翼展長度^2）

把公式中的固定數值設為定數，所以：

（寄生阻力）＝（定數1）×（飛行速度）^{2}

（誘導阻力）＝（定數2）／（飛行速度）^{2}

飛行速度為X軸，阻力為Y軸，從以上的公式可以知道寄生阻力會畫出通過原點的拋物線，誘導阻力則是雙曲線。而兩個阻力總和的總阻力則是如同右圖的拋物線。從圖表中可以知道，飛行速度增加時，阻力會變小，到達某速度時阻力會最小，超過該速度時阻力會大幅上升。

● 飛行速度與阻力

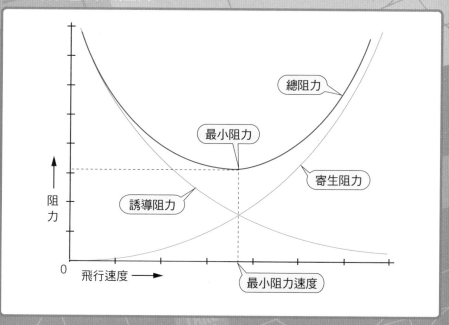

● 實例

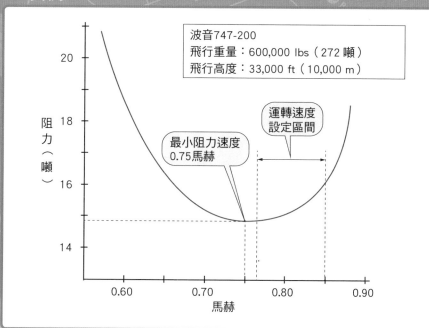

升力公式

　　升力公式中的速度為真實空速（TAS）。實務上，以馬赫為基準來計算較為方便。這邊要試著求看看以馬赫為基準的升力與阻力的公式。

　　首先，地表的音速為a0（1116.4501 ft/sec），某個溫度時的音速為a，那麼溫度比θ與音速的關係為：

　　$a＝a0*SQRT（θ）$

真實空速VT是音速a乘上馬赫VM，所以：

　　$VT＝VM*a$

推得：

　　$VT＝VM*a0*SQRT（θ）$

再把這一個係數代入升力公式（參考3-05）

　　$L＝0.5*cl*ρ*VM*VM*a0*a0*θ*S$

假設密度比為σ，氣壓比為δ時：

　　$σ＝ρ/ρ0$

　　$δ＝σ*θ$

代入升力公式，推得：

　　$L＝0.5*cl*ρ0*a0*a0*δ*VM*VM*S$

將$ρ0＝0.002377$，$a0＝1116.4501$代入，就可以得出以馬赫為基準的升力公式：

　　$L＝1481.351*cl*δ*VM*VM*S$

同樣的，也可以推得以馬赫為基準的阻力公式：

　　$D＝1481.351*cd*δ*VM*VM*S$

第4章

飛行力學

如果紙飛機沒有左右平衡的摺好，就會亂飛。真實的飛機也是一樣。要先能夠穩定的直線飛行才能夠自由飛行。在本章就來確認主翼、尾翼等等各種舵的功能吧。

　　飛機除了主翼之外還有由水平安定面與升降舵組成的水平尾翼，以及垂直安定面與方向舵組成的垂直尾翼。這些部位非常重要，它們之所以叫作安定面，是因為這些部位負責穩定飛機，讓飛機可以水平直線飛行。在本節就來確認垂直尾翼跟水平尾翼的重要性。

　　首先先看**垂直尾翼**。比如說，在水平直線飛行的時候，駕駛在沒有操作操縱桿時，因為風的影響使得機首往左偏。此時垂直尾翼的有效攻角就會增加，在垂直尾翼的左翼面就會產生升力，進而產生往右的偏航力矩，自然的使飛機回復到原本的飛行姿態。這種性質稱為「**方向穩定性**」。因為和風向標的動作相似，所以也被稱為**風向穩定**，或是**風向效果**。（註：風向穩定與風向效果為日文獨有的專有名詞。）

　　接著是**水平尾翼**。比如說，同樣在水平直線飛行時，因為風的影響，使得飛機機首向上仰。此時水平尾翼的有效攻角就會增加，水平尾翼的上面就會產生升力，進而產生機首往下的俯仰力矩，自然的使飛機回到原本的姿勢。這種性質稱為「**縱向穩定性**」。

　　如同以上所敘述的，各個尾翼都是為了穩定飛機而存在的機翼。反過來說，只要讓飛機脫離穩定，飛機就可以自由地在天空中飛行。在駕駛艙中，**方向舵**（**Rudder**）可以讓駕駛透過操作垂直尾翼產生升力，讓飛機左右偏擺；**升降舵**（**Elevator**）則是可以讓駕駛操作水平尾翼，產生讓飛機俯仰的升力。

● 由垂直尾翼所保持的方向穩定性

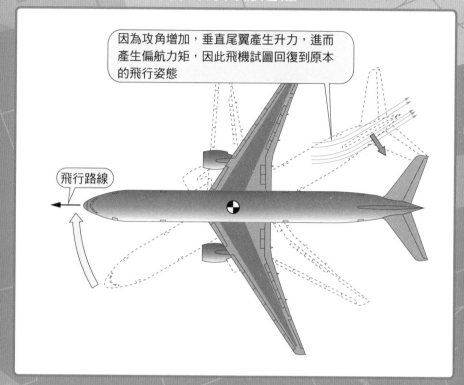

因為攻角增加，垂直尾翼產生升力，進而產生偏航力矩，因此飛機試圖回復到原本的飛行姿態

飛行路線

● 由水平尾翼保持的縱向穩定性

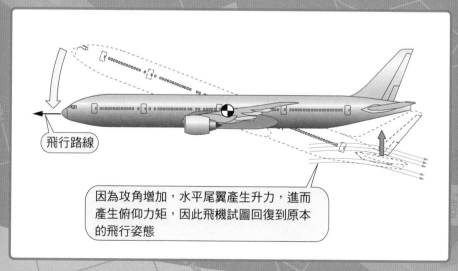

飛行路線

因為攻角增加，水平尾翼產生升力，進而產生俯仰力矩，因此飛機試圖回復到原本的飛行姿態

4-02 上反角
主翼的工作不僅止於產生升力

從飛機正面看過去，可以看到主翼呈現V型。這一個角度稱為**上反角**。本節就來確認為什麼要有上反角吧。

假設飛機水平直線飛行時，吹來一陣風，如右圖所示，使得飛機往左傾時，會產生一股左橫向的作用力，破壞了飛機左右的力矩平衡。接著就會發生稱為側滑的現象，飛機會在空中往左側滑過去。但是，側滑方向的左翼攻角比右翼大，也就是說左翼升力比右翼大，此時就會產生滾轉力矩，變成了阻止側滑的作用力，試圖使飛機回復原本飛行姿態。這邊要注意到兩件事情：一件是只有左右傾斜飛機，沒有側滑時，不會產生試圖使飛機回復原本飛行狀態的作用力；另一件則是左右傾斜停在某個角度時，就會維持在那一個角度，也不會回去原本的角度。也就是說，上反角不會提供如尾翼所提供的穩定性，僅在側滑時會產生效果，此效果稱為**上反角效果**。

另外，側滑時，垂直尾翼也會產生升力，同時提供使機首朝向前進方向的方向穩定性。也就是**上反角效果與垂直尾翼的方向穩定性**都具有停止側滑的效果。下一節會提到的上單翼飛機及後掠角都具有上反角效果。

機翼部分之所以會有上反角，還有另一個理由，為的是要讓飛機在著陸時，稍微有一點傾斜也不會讓機翼及引擎撞上跑道。因此，機翼上面沒有裝置引擎的飛機上反角會比較小。水平尾翼的上反角也是為了在起飛及降落時，即使有一點傾斜也不會摩擦到跑道。

● 上反角

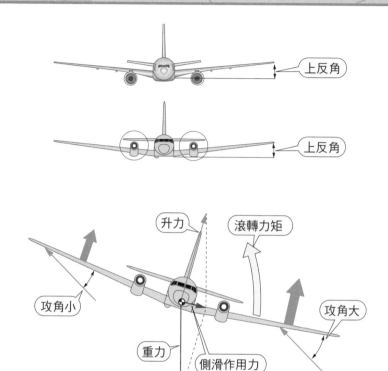

大型噴射客機的情況：
主翼的上反角是為了讓飛機在起飛著陸時，稍微有一點傾斜時也不會讓引擎跟機翼撞上跑道。水平尾翼的上反角則是為了在起飛著陸時，即使有一點傾斜也不會讓水平尾翼撞上跑道。

滑行路

4-03 後掠角的上反角效果
後掠角也具有方向穩定性

原本後掠角是為了要在高速飛行時，降低因空氣的壓縮性所急速增加的阻力。不過後掠角同時也具有防止側滑的**上反角效果**與**方向穩定性**。本節來確認這些作用實際上的作用方式。

比如說，往左側側滑時，如右圖所示，此時左翼在空氣力學上的後掠角變小，右翼的後掠角則變大。因此，左翼的升力變得比右翼還大，而產生讓飛機回復原本水平姿態的上反角效果。另外，此時左側的阻力也有變大，就會產生一個力矩將機首推往相對風的那一側，這個就是方向穩定性。如同以上所敘述的，後掠角也有著上反角效果及方向穩定性。

高速飛行中側滑時，在空氣力學上的後掠角反而會變小。那是因為臨界馬赫變小，產生震波時空氣也會從機翼上剝離，阻力增加升力卻變小，因此不會產生滾轉力矩。

上單翼飛機也有著上反角效果。上單翼飛機如右圖所示開始側滑時，相對風會使機體和機翼之間的壓力增加。因此機翼上方和下方的壓力差距變大，升力也跟著變大。因為左右機翼的升力不同，就會產生一個力矩試圖將飛機回復成原本的飛行姿態，這個力矩所產生的效果與上反角效果相同。

機翼成後掠角的上單翼飛機，其機翼呈現與上反角相反，那是因為上單翼飛機原本就會產生上反角效果，再加上後掠角同樣也會產生上反角效果，為了避免上反角效果產生出來的作用力過強，所以上單翼飛機的機翼才會呈現下反角。

● 後掠角的上反角效果

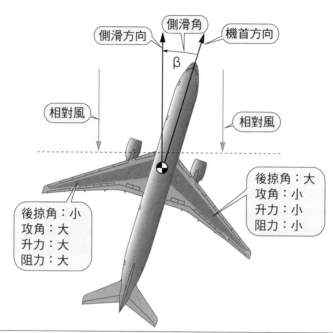

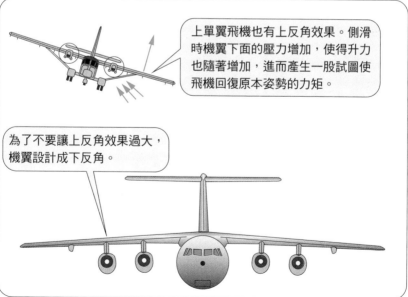

上單翼飛機也有上反角效果。側滑時機翼下面的壓力增加，使得升力也隨著增加，進而產生一股試圖使飛機回復原本姿勢的力矩。

為了不要讓上反角效果過大，機翼設計成下反角。

尾翼的後掠角
為什麼會有後掠角

4-04

噴射客機的尾翼與主翼都有著後掠角。本節就來想看看為什麼尾翼會有後掠角。

某些部位超過音速時的馬赫稱為臨界馬赫。這邊的某些部位，基本上都是指主翼。同樣的，為了降低阻力，水平尾翼與垂直尾翼上的空氣速度也都不能超過音速。噴射客機只有在特殊情況時會以接近最大運行速度（M_{MO}/V_{MO}：飛行時不得超過的最大馬赫／指示空速）飛行，如客艙內發生了緊急狀況導致艙內壓力急速下降，必須要快速降低到不需要氧氣罩的高度時。為了要讓飛機可以在如此高速的情況下飛行，所有的機翼都必須要拉高臨界馬赫，所以所有的機翼都有後掠角。

即使主翼上已經發生了震波失速，水平尾翼也要保持能夠控制飛機俯仰的狀態。因此尾翼不只是比主翼薄，尾翼的後掠角會和主翼相同，或是比主翼大。另外，水平尾翼的大後掠角可以讓尾翼在面對大攻角或是升降舵採取大舵角時，相對比較不容易失速。尾翼的展弦比比主翼小的原因也是為了讓尾翼不容易失速。

垂直尾翼的後掠角有利於面對著陸時的側風。著陸遇到側風時，垂直尾翼的有利攻角會增大。為了應付大攻角或是大舵角，垂直尾翼的後掠角會比主翼大，並採取較大的前緣半徑及比主翼小的展弦比，除了應付大攻角及大舵角，這些設計也可以讓垂直尾翼不容易失速。

● 尾翼的後掠角

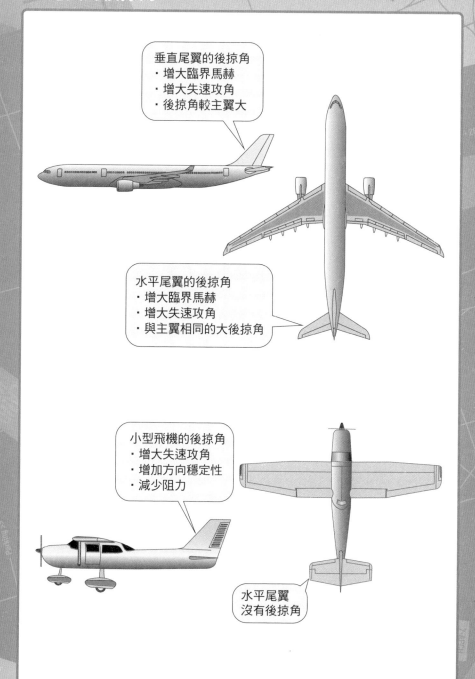

垂直尾翼的後掠角
・增大臨界馬赫
・增大失速攻角
・後掠角較主翼大

水平尾翼的後掠角
・增大臨界馬赫
・增大失速攻角
・與主翼相同的大後掠角

小型飛機的後掠角
・增大失速攻角
・增加方向穩定性
・減少阻力

水平尾翼
沒有後掠角

4-05 副翼（Aileron）
為了轉彎

　　水平尾翼是升降舵、垂直尾翼是由方向舵控制。主翼則是藉由副翼（Aileron）及擾流板（Spoiler）控制。在本節就來確認這些部位的作用方式吧。

　　飛機藉著在空中畫一個曲線來改變方向，稱為轉彎。為了轉彎，飛機就和摩托車一樣，必須要傾倒向欲轉向的那一方。負責轉彎的舵面就是在主翼兩側的副翼。

　　比如說要右轉彎的時候，只要左副翼往下右副翼往上，讓左副翼的升力增加，右副翼的升力減少就可以了。像這樣讓機翼一部分的弧度產生變化，就可以製造出升力差距，產生滾轉力矩，飛機就會傾斜了。但是，如果一直讓副翼處於轉彎的角度，飛機就會不停的旋轉，所以到達想要的傾斜角之後，就必須讓副翼回復到原本的角度。只要副翼回到原本的角度，飛機就會維持在這一個傾斜角，處於力矩平衡的狀態。另外，想要停止迴轉的時候，只要讓副翼往反方向切換，就可以快速地停止迴轉，這就是所謂的修正舵。（註：此為日本航空界獨有的專有名詞。）

　　負責改變飛機飛行方向的，並不是像船一樣的舵，而是副翼。但是有一個問題。因為誘導阻力和升力的平方呈比例，機首部位會產生與轉彎方向相反的作用力，使得機首朝的方向相反，這就是所謂的逆偏航。為了避免逆偏航的發生，副翼的下降角會比上升角還小，或是在轉彎方向的機翼上方開啟擾流板。

● 副翼（Aileron）

右轉彎時，藉著降低左副翼拉高右副翼，產生升力差距，飛機就會往右傾斜。

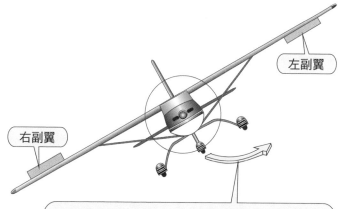

左副翼

右副翼

左副翼的升力增加時，阻力也隨著增加，產生逆偏航，使得機首朝向與轉彎方向相反的方向。為了防止逆偏航，副翼下降角度較小，上升角度較大。

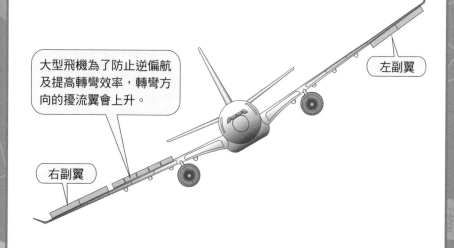

大型飛機為了防止逆偏航及提高轉彎效率，轉彎方向的擾流翼會上升。

左副翼

右副翼

內側與外側的副翼

為什麼會有複數的副翼？

低速轉彎的問題是逆偏航。高速轉彎則是會發生**副翼反向**（**Aileron Reversal**）。在本節就來確認這是什麼意思吧。

力矩為（力）×（距離）。離重心愈遠，愈可以使用較小的力有效率的作功。飛機轉彎時，因為離重心愈遠效率愈好，所以低速飛行的小型飛機的副翼設置在翼尖的部分。但是後掠角及尖狀翼如果也這樣設計就會出現問題。比如說右轉彎時，為了讓右翼的升力變小，右副翼往上時，會因為高速行駛時空氣的作用力過大，使得機翼改變角度，反而造成攻角變大，升力也隨著增加。而左副翼原本是要降低升力，也因為高速空氣的作用力，讓機翼改變角度，變成攻角減小，升力也跟著變小。結果，**本來是要右傾斜，變成了向左傾斜**。這種使副翼的原本的作用相反的現象稱為副翼反向。

為了避免發生副翼反向，有幾個不同的方法，例如將副翼設置在強度足夠的機翼上，或是在機翼上的內側與外側分別設置副翼，低速時只使用外側副翼等等。比如說波音777在翼尖跟翼根附近都各有副翼，高速時不會使用外側副翼。另外，在內側的副翼也有著襟翼的功能，所以也被稱為襟副翼。空中巴士A330的副翼都是設置在翼尖部分，兩個併排，外側的副翼也一樣只在低速時啟動。

● 外側與內側的副翼

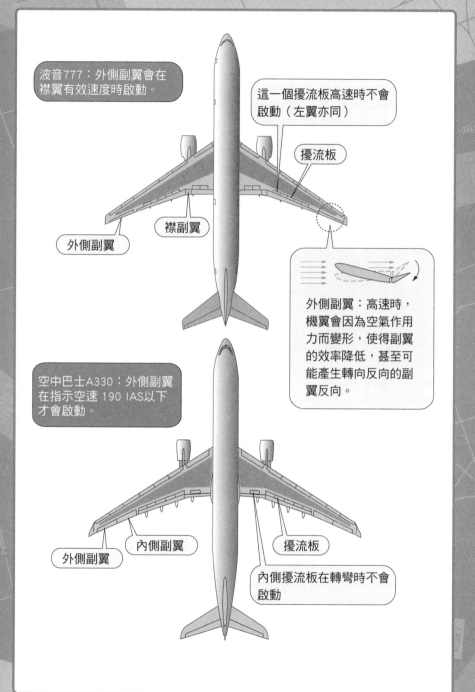

波音777：外側副翼會在襟翼有效速度時啟動。

這一個擾流板高速時不會啟動（左翼亦同）

擾流板

襟副翼

外側副翼

外側副翼：高速時，機翼會因為空氣作用力而變形，使得副翼的效率降低，甚至可能產生轉向反向的副翼反向。

空中巴士A330：外側副翼在指示空速 190 IAS以下才會啟動。

外側副翼

內側副翼

擾流板

內側擾流板在轉彎時不會啟動

方向舵
並不是改變方向的舵面

方向舵並非是用來改變方向的舵面。方向舵是在飛機因為某些理由產生偏航力矩時，用來產生相反作用力的。

比如說，轉彎時，為了避免逆偏航，就會需要藉著方向舵來產生偏航力矩。單引擎螺旋槳飛機的螺旋槳後方空氣流動撞上垂直尾翼時，會讓尾翼的有效攻角增加，升力也會增加，此時就會產生偏航力矩。這一個偏航力矩在起飛時，速度最低，推力最大時影響最大。方向舵就是負責往反方向產生偏航力矩。

那麼多引擎飛機，特別是引擎裝置在機翼上的飛機又是如何呢？比如說起飛時發生了引擎故障，因為一邊推力零另一邊卻是最大推力，形成了極端的非對稱推力。此時就是要靠方向舵來產生最大的偏航力矩，使飛機可以不脫離跑道，並安全的起飛。

有著後掠角及上反角的噴射機，因為上反角效果的關係，方向穩定性較好。但也因此，在較高的高度側滑時，因為上反角效果過強，可能不單單只是往反方向側滑，而是有可能進入飄擺（Dutch Roll，荷蘭滾）的狀態，反覆的左右側滑、偏擺和上下俯仰。因為進入飄擺狀態時，反覆的週期非常的短，駕駛會無法控制飛機，為了應付這種狀況，方向舵上設置有抗偏器（與自動駕駛不同，這一個自動裝置在飛行中為持續運作），在此時就會介入操作。

● 方向舵的角色

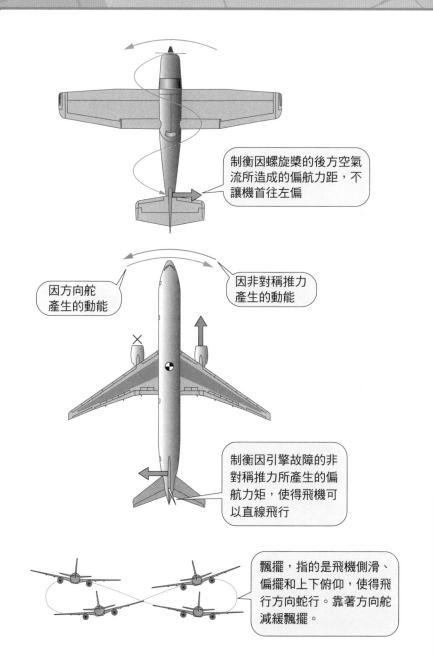

制衡因螺旋槳的後方空氣流所造成的偏航力距，不讓機首往左偏

因方向舵產生的動能

因非對稱推力產生的動能

制衡因引擎故障的非對稱推力所產生的偏航力矩，使得飛機可以直線飛行

飄擺，指的是飛機側滑、偏擺和上下俯仰，使得飛行方向蛇行。靠著方向舵減緩飄擺。

　　升降舵負責產生俯仰力矩。飛機也和其他的物體相同，是以重心為中心旋轉的。**升力中心**，或稱為氣動力中心，也就是升力拉起飛機的中心點。升力中心與飛機重心的關係變化時，即使沒有風的影響，也會產生俯仰力矩。飛機上負責抵消這一個作用力的部位，就是水平尾翼。

　　大部分的小型飛機都將引擎裝置在前方，處於頭重（Nose Heavy）狀態，一般來說重心位置都會比升力中心要來的往前。重心位置較為前方的位置會使得水平尾翼的升力成為往下的狀態。如果此時飛機保持著平衡的狀態，換句話說，如果此時飛機的狀態處於駕駛放開操縱桿也可以保持平衡直線飛行，這個狀態就稱為「**配平狀態**」。比如說從這一個配平狀態中要讓飛機的飛行姿態變成往上爬升，就要增加水平尾翼往下的升力，作法是升降舵的舵面往上升，產生俯仰力矩。相反的，要讓機首向下時，要讓水平尾翼的升力變小，或是增加水平尾翼向上的升力。

　　大型運輸機則因為機體較為細長，以及機翼內部裝有燃油等等的原因，**重心位置會產生大幅度的變化**。重心位置較風壓中心為後方時，水平尾翼的升力會往上。重心位置改變成為比升力中心還前面時，水平尾翼的升力就要調整為向下。為了要讓水平尾翼應付如此大的升力變化，升降舵的舵面就必須要加大面積。還有其他的方法，在下一節會確認。

● 重心位置與水平尾翼的升力

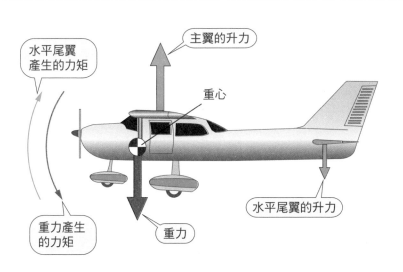

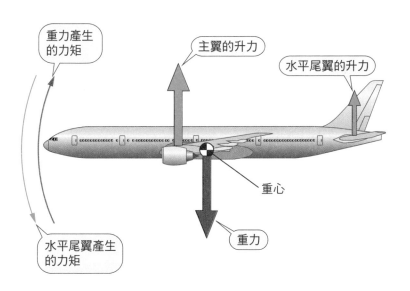

升降舵的配平
只使用操縱桿會很辛苦

　　所謂的「配平狀態」，就是駕駛手放開操縱桿也可以水平直線飛行的狀態，換句話說，飛機重心周圍的力矩為零的狀態。有幾個因素會破壞配平狀態的垂直平衡，如飛行速度、飛行重量及重心位置等等。比如說減速時，升力會降低，為了要維持足以支撐飛機的升力，就必須要增加主翼的攻角，以增加升力係數。因此，要稍微調整水平尾翼向下的升力大小，讓飛機處於機首向上的姿勢。這邊來確認有哪些裝置是不需要操縱桿就可以處於配平狀態吧。

　　首先先看小型飛機，升降舵的後緣部分有一個小型的可動機翼稱為**配平片**。配平片並不是由操縱桿所控制，而是由不同的裝置所控制的。移動配平片時，升降舵（同時間操縱桿也會跟著一起）因為空氣的作用力而朝向與配平片相反的方向移動，藉此微調整水平尾翼的升力。因此，飛機會處於穩定且水平直線飛行的配平狀態。

　　中型或是更大型的飛機如果只靠升降舵來控制俯仰力矩的話，就會需要更大的舵面或是舵角。但是增大舵面或是舵角都會增加阻力，影響會更巨大，解決的方法就是移動整個稱為**水平安定面**的水平尾翼。把水平尾翼的前緣往下，就會增加往下的升力，產生機首向上的力矩；反之，水平尾翼的前緣往上時，就會機首向下的力矩增加。這一個方法不會影響到操縱桿，也就是說駕駛使用操縱桿時就不會受到影響了。

● 水平尾翼的配平

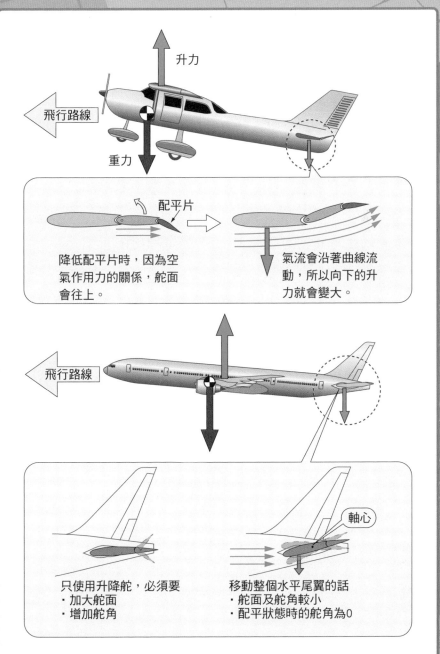

升力

飛行路線

重力

配平片

降低配平片時，因為空氣作用力的關係，舵面會往上。

氣流會沿著曲線流動，所以向下的升力就會變大。

飛行路線

軸心

只使用升降舵，必須要
· 加大舵面
· 增加舵角

移動整個水平尾翼的話
· 舵面及舵角較小
· 配平狀態時的舵角為0

117

4-10 方向舵配平與副翼配平
不需要一直用力踩

多引擎飛機，特別是將引擎裝置在主翼上的飛機，發生引擎故障時最需要的，就是方向舵了。為了抵銷因非對稱推力產生的力矩，駕駛會用力的踩踏板。一直維持用力踩著的狀態會非常的辛苦，這邊就要使用另一個方向舵制動裝置，**方向舵配平**，來維持踩踏的狀態。另外，除了引擎故障之外，有時候會因左右引擎推力的細微差距，或是阻力不同等等，產生偏航力矩，這時候也會使用方向舵配平來抵銷該作用力。

主翼與水平尾翼是左右成雙對稱的機翼，所以會互相抵銷作用在飛機上的彎曲力矩。垂直尾翼卻只有一個，沒有辦法抵銷。因此方向舵所製造的力矩，會變成扭曲的力矩直接作用在飛機上。如果在高速飛行時大幅度的移動方向舵的話，會給飛機機體帶來一股非常大的作用力。所以**高速飛行時會減小方向舵的舵角**。

此外，副翼上也有一個可以調整滾轉力矩的裝置，稱為**副翼配平片**（空中巴士使用側杆，所以副翼上沒有副翼配平片）。飛機並不是一直都保持著完美的平衡，而是有可能因為螺旋槳後方氣流、扭力的影響或是左右機翼內燃油存量差距，或著是改裝及修理的影響等等，而產生滾轉力矩。因此藉著微調副翼的舵角及配平片，而非使用操縱桿，來修正滾轉力矩。

● 飛行速度與舵角

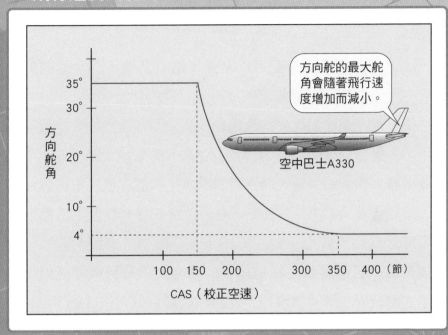

方向舵的最大舵角會隨著飛行速度增加而減小。

空中巴士A330

● 副翼配平片

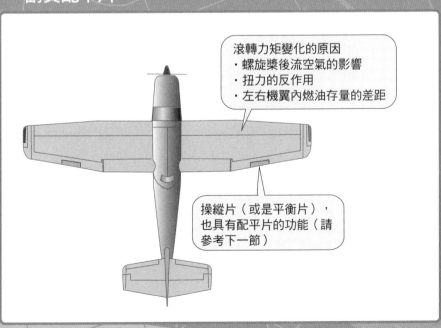

滾轉力矩變化的原因
・螺旋槳後流空氣的影響
・扭力的反作用
・左右機翼內燃油存量的差距

操縱片（或是平衡片），也具有配平片的功能（請參考下一節）

4-11 調整片
主要目的為減輕操縱力道

　　除了微調平衡用的配平片之外，還有其他不同功能的調整片。在本節會確認有哪些調整片，及它們的功能。

　　使用纜繩來移動舵面的飛機會因為飛行速度增加，空氣作用力增加，操作飛機所需要的力氣也就愈大。所以大部分的小型飛機為了**減少駕駛的負擔，而使用調整片**。噴射客機也不例外。

　　比如說波音727，平常使用油壓裝置來移動舵面。油壓裝置故障時，就必須要用手動的方式（**人工控制**）來控制舵面。正常運作時，各個調整片都是鎖定的狀態，以維持與舵面同一方向，油壓裝置故障時會解鎖，此時的調整片就可以移動了。

　　內側副翼與升降舵上有著**操縱片**，外側副翼上則有著**平衡片**。光是移動別名伺服片的操縱片，就可以藉著空氣的力量移動整個舵面。那是因為內側副翼是在高速時啟用的舵面，所以可以預期到操縱調整片就可以移動整個舵面。外側副翼是在低速時啟用，所以空氣的作用力也不會太大，因此平衡片會和舵面一起移動。另外還有一個調整片，它的存在並不是要減輕以腳操作方向舵的力氣，而是要讓舵面的效率更好，使舵角增加讓曲率更滑順，這一個調整片稱為**反作用平衡片**。

● 調整片

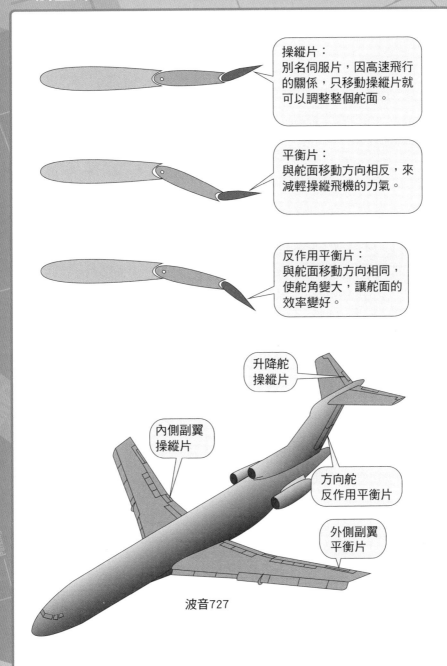

操縱片：
別名伺服片，因高速飛行的關係，只移動操縱片就可以調整整個舵面。

平衡片：
與舵面移動方向相反，來減輕操縱飛機的力氣。

反作用平衡片：
與舵面移動方向相同，使舵角變大，讓舵面的效率變好。

升降舵
操縱片

內側副翼
操縱片

方向舵
反作用平衡片

外側副翼
平衡片

波音727

什麼是高升力裝置

起飛與著陸時,增加升力係數的裝置

飛機的設計是在巡航時可以發揮最大性能,所以飛機不擅長在低速飛行。但是起飛跟著陸又必須盡可能減速。那是因為,如果以高速起飛和著陸,就需要更長的跑道,且輪胎及煞車的性能也會是一大問題。但飛行速度又不能太慢,因為升力與飛行速度的平方成比例,速度慢,升力就會小,產生的作用力就無法支撐飛機的重量。這時高升力裝置就出場了。

高升力裝置指的是兩個加大升力係數裝置的總稱:機翼前緣前方往前突出製造出翼縫的翼縫條,以及在機翼後援往下降的襟翼。沒有後掠角也不需要加大攻角的飛機,飛機上的高升力裝置只有在機翼後緣的襟翼。

翼縫條是負責在大攻角時,在機翼前方打開一個翼縫,把機翼下方低氣壓的空氣往機翼上方引流過去,藉著這一個動作可以增加機翼上方邊界層的能量,進而延緩空氣剝離。比如說噴射客機在起飛時,機首往上大約是15°左右。如果機翼前方沒有翼縫條的話,攻角15°時,機翼上方的空氣就會開始剝離,飛機就會開始失速。

從機翼後緣往下降的襟翼,能讓空氣在飛機低速飛行時,也可以畫出很大的曲線,來提升空氣向心力,藉此增加升力係數。

以上提到的兩個高升力裝置,負責增加攻角的翼縫條,與負責增加弧度,機翼後緣的襟翼一起啟動的時候,就可以大幅度增加升力係數。

● 什麼是高升力裝置

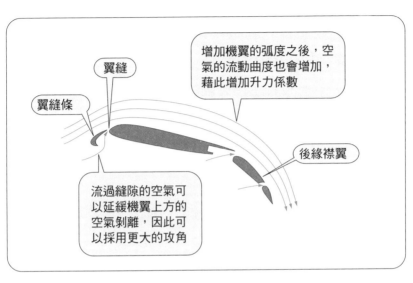

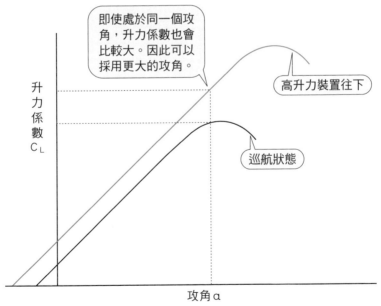

襟翼的種類
用途不同，襟翼的形狀就不同

　　襟翼根據飛機的大小與用途不同，有著不同的種類。在本節來確認具代表性的襟翼吧。

　　簡單襟翼，指的是單純在機翼後緣下降的襟翼。因為構造單純，所以重量輕，維修方便。不過在增加弧度時，會使得往下的角度過大，因此空氣會變得容易剝離，是簡單襟翼在空氣力學上非常大的缺點。

　　分裂式襟翼，指的是機翼後緣的一部分下降的襟翼。在機翼下方開啟的襟翼中產生渦流，藉此降低空氣壓力，並將機翼上方的空氣吸過來，藉此減緩空氣剝離。因為構造單純，所以具有相當不錯的強度，另外還有一個很有用的優點，就是這種襟翼在高速時也可以使用。小型飛機會使用這種類型的襟翼。

　　開縫襟翼可以說是簡單襟翼的改良型。和翼縫條相同，在主翼和襟翼之間製造出一個縫隙，藉此把高壓氣流導入機翼上方的邊界層，來防止空氣的剝離。因此，可以製造出相當大的弧度。大部分的小型飛機都使用這種類型的襟翼。

　　阜勒式襟翼（**Fowler Flap**），則是改良自開縫襟翼，襟翼是從機翼下方突出。用這種襟翼，除了可以增加弧度之外，也會同時增加翼面積，更進一步的提升升力。順帶一提，阜勒是人名，他是一位美國的航空工程師。還有更進一步改良阜勒式襟翼的其他襟翼，如**雙縫阜勒式襟翼**及**三縫阜勒式襟翼**。因為構造複雜、重量重，只有大型飛機會使用這種類型的襟翼。

● 高升力裝置的種類

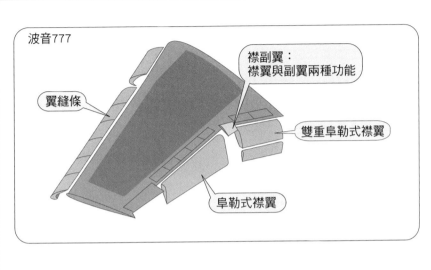

波音777

翼縫條

襟副翼：
襟翼與副翼兩種功能

雙重阜勒式襟翼

阜勒式襟翼

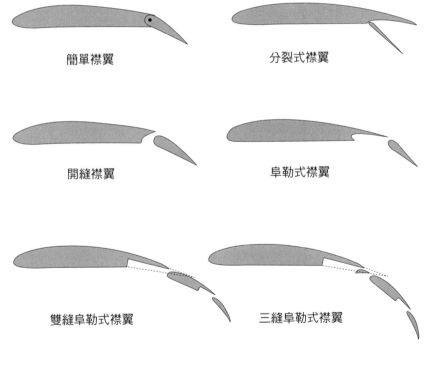

簡單襟翼

分裂式襟翼

開縫襟翼

阜勒式襟翼

雙縫阜勒式襟翼

三縫阜勒式襟翼

4-14 三角翼與高升力裝置
三角翼與攻角

　　說到三角翼，就一定要提到2003年退役的超音速噴射客機，協和式飛機（其機翼正確名稱是S形前緣機翼，此機翼的外型前端部分為大攻角，往後端畫一個曲線）。這一節就來確認為什麼超音速飛行的飛機要使用三角翼的理由吧。

　　要進行超音速飛行，飛機的速度必須要高過阻力非常大的阻力發散馬赫，並且在速度超越音速之後，盡可能地減低阻力。為了要減低造波阻力，機翼必須要具有非常大的後掠角、較薄的翼型與小的展弦比。滿足以上的條件，且有足夠強度支撐飛機飛行的，只有三角翼。

　　三角翼也比較不容易失速。比如說展弦比較小的三角翼，也可以達到升力最大的40°攻角。因此，與其在這麼薄的機翼內部增設複雜又重的襟翼，三角翼比較適合增加攻角等於增加升力係數的這一個方法。協和式客機的S形前緣機翼比單純的三角翼能獲得更大的升力。著陸時，為了維持支撐飛機的升力，採取的機首向上的姿勢角度非常的大，所以為了讓駕駛看得到前方及跑道，協和式客機的機首會向下彎曲。

　　另外，協和式客機沒有水平尾翼，機翼上設置有升降副翼（Elevon），同時具有升降舵與副翼的功能。升降副翼設置在機翼的後緣，會產生滾轉跟俯仰的力矩。比如說升降副翼全部往上的時候，就會產生機首往上的力矩；左升降副翼上升，右升降副翼下降時，就會產生使飛機迴轉的滾轉力矩。

● 三角翼與高升力裝置

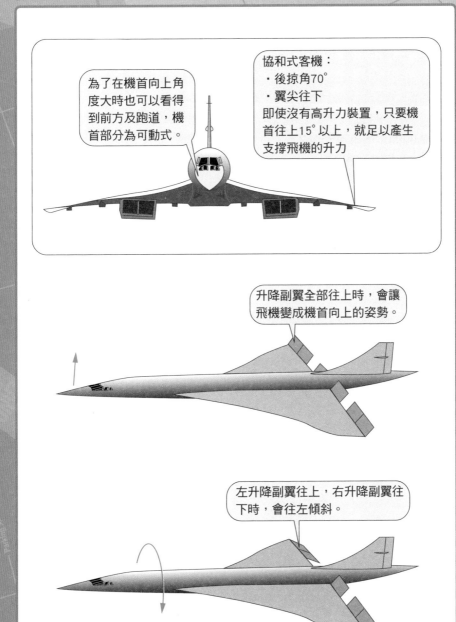

為了在機首向上角度大時也可以看得到前方及跑道，機首部分為可動式。

協和式客機：
・後掠角70°
・翼尖往下
即使沒有高升力裝置，只要機首往上15°以上，就足以產生支撐飛機的升力

升降副翼全部往上時，會讓飛機變成機首向上的姿勢。

左升降副翼往上，右升降副翼往下時，會往左傾斜。

加速係數

　　以校正空速（CAS）向上爬升的話，真實空速（TAS）就會增加，變成加速上升的狀態。在這邊用公式來算算看加速係數會怎麼改變吧。實際計算的時候，以馬赫為基準較為便利。

　　一般的上升方式會用250CAS/280CAS/0.80M來表示。也就是說10,000ft以下時為250CAS。之後以280CAS的速度爬升的話，TAS會增加，變成加速上升，到達280CAS與0.8M為同一速度的高速時，繼續維持0.8M往上爬升，會變成減速爬升。進入平流層時，外部空氣溫度固定，因此馬赫與TAS也為固定，也就是說上升不需要加速，加速係數為零。

　　加速係數為accf，可以推得：

（1）高度36089.24ft（11,000 m）以下時

- CAS固定

  accf＝－0.133184*VM*VM ＋（1＋0.2*VM*VM）－（1＋0.2*VM*VM）^（－2.5）

- 馬赫固定

  accf＝－0.133184*VM*VM

（2）高度超過36089.24ft（11,000 m）時

- CAS固定

  accf＝（1＋0.2*VM*VM）－（1＋0.2*VM*VM）^（－2.5）

- 馬赫固定

  accf＝0

第5章

飛機與引擎

飛機之所以成功飛行，是在於可以分別產生往前進的推力以及升力。在本章要來仔細研究各式引擎，從活塞式引擎到噴射引擎等，其特徵及產生推力的方式。

飛機與引擎的關係
動力裝置的種類

　　萊特兄弟成功的讓重量340公斤的飛機，以12馬力的活塞式引擎轉動螺旋槳，時速48公里的速度前進，在固定的機翼上產生了340公斤的升力，飛行了260公尺。世界首次成功的動力飛行，是因為萊特兄弟**不模仿鳥的飛行方式，並分開產生推力和升力**。

　　萊特兄弟的成功之後四十年，飛機DC－3搭載了兩具1200匹馬力的12汽缸星型引擎，比當年萊特兄弟所使用的引擎出力高上100倍，全機總重量12噸，在跑道上滑行了兩倍於世界首次飛行的距離520公尺之後，以每小時160公里的速度起飛。此時是1940年代，正是搭載活塞式引擎的客機全盛期。這邊提一個題外話，DC－3的窗戶是四角型的，因為客艙內並沒有加壓，不需要考慮機艙內外的壓力差距，所以飛機的窗戶也不需要特別加強。

　　大馬力引擎的發明，使得飛機**可以搭載更多的人**。但是此時的飛機還沒有辦法**飛得夠高**。直到1940年代後半才出現能夠支撐飛機飛得更高的引擎，燃氣渦輪引擎，也就是**渦輪螺旋槳引擎**。藉由這種引擎，飛機在空氣稀薄的高度中飛行時，引擎性能也不會降低。

　　但是，即使是渦輪螺旋槳引擎也和螺旋槳引擎一樣，沒有辦法**飛得更快**。接著出現的引擎，並非使用螺旋槳，而是藉由在後方噴出氣體所產生的動量變化前進的**噴射引擎**。有了噴射引擎，飛機就可以在平流層以超音速飛行。最後開發出來的就是**渦輪扇引擎**。可以讓飛機**飛得更遠**。

● 飛機與引擎

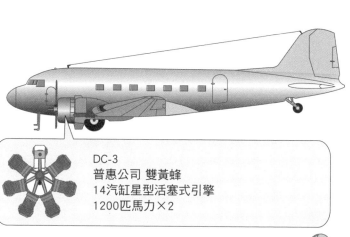

DC-3
普惠公司 雙黃蜂
14汽缸星型活塞式引擎
1200匹馬力×2

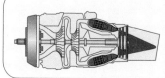

維克斯子爵
勞斯萊斯 達特（Dart）引擎
渦輪螺旋槳引擎
2100匹馬力×4

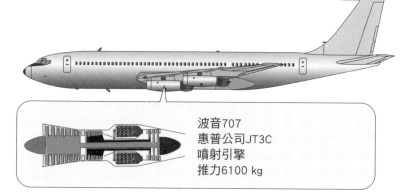

波音707
惠普公司JT3C
噴射引擎
推力6100 kg

5-02 活塞式引擎
活塞運動轉化成旋轉運動

　　活塞式引擎是藉由汽缸內的活塞運動推動曲軸（曲折的旋轉軸），將活塞運動轉換成旋轉運動。這一個引擎也叫作**往復式引擎**。在活塞式引擎中，將吸氣、壓縮、膨脹、排氣的四個行程在曲軸兩次迴轉中完成的引擎，稱為四行程引擎或是四衝程引擎。除了四行程引擎之外，也有二行程引擎，不過因為冷卻困難，現在已經沒有在飛機上使用了。本節就來確認四行程引擎的各個行程吧。

　　進氣行程：活塞從上死點（離曲軸軸中心距離最遠的位置）開始往下，此時汽缸內的壓力就會下降，空氣和燃油的混合物就會從進氣門被吸入。

　　壓縮行程：活塞從下死點（離曲軸軸中心最短距離的位置）開始上升，此時進氣門就會關閉，混合物的壓力上升。活塞接近上死點時，火星塞就會點火，點燃混合物。之所以要在活塞到達上死點之前點火，是因為燃燒需要時間。

　　膨脹行程：混合物燃燒時會膨脹，此時汽缸內壓力急速上升，將活塞往下推。

　　排氣行程：活塞被推達下死點時，排氣門就會打開。活塞會因為慣性力（活塞本身或是曲軸持續運作的作用力）通過下死點，往上死點移動時，將廢氣排出。

● 活塞式引擎的循環

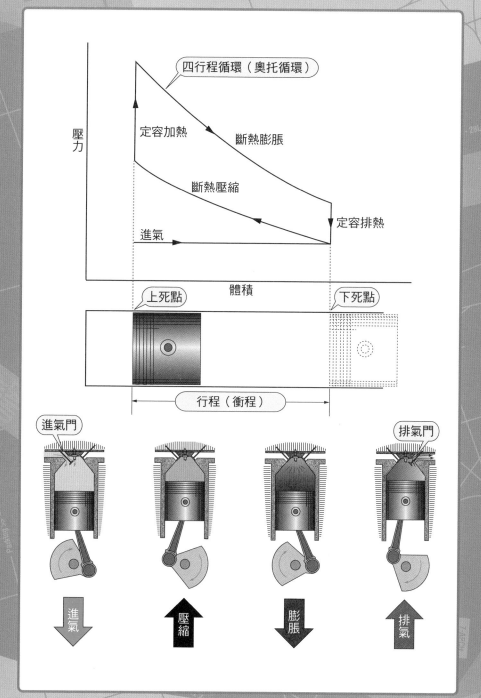

活塞式引擎的控制方式

控制油氣混合物的量

接著在本節，一邊參考右邊的概念圖，一邊來確認要怎麼控制活塞式引擎的出力吧。

世界第一台活塞式引擎的運作方式是直接點燃未壓縮的混合氣。但這種方式熱能轉換動能的效率並不好。只要壓縮混合氣，不只增加了壓力，同時也使溫度升高，除了縮短燃燒時間之外，也拉高了燃燒後的壓力和溫度，進而提高了熱能轉換動能的效率。

說是這樣說，並不是只要單純的增加燃料就是好的。空氣過多時燃燒不穩定，空氣不足時燃燒會不夠完全。汽油引擎理想的空燃比是空氣14～15克比燃油1克。要注意的是，這邊的比例指的是空氣和燃油的重量（質量），而不是容量。

化油器（**Carburetor**）就是負責混合空氣和燃油的代表性裝置。藉由節流閥的角度控制空氣的流量，將空氣與燃油以理想的比例，在化油器中霧化後噴出。混合氣經過增壓器，壓力上升之後進到進氣管，從進氣門被吸進汽缸。汽缸內的混合氣愈多，燃燒熱就會愈大，簡單的說就是爆發力也會變大，所以活塞的往復運動會更激烈，也會增加引擎的迴轉數。節流閥全開時，也就是全油門時，引擎出力最大。

● 活塞式引擎的控制方式

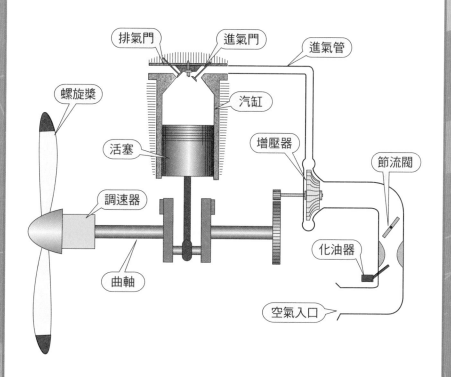

化油器（Carburetor）：

　　將燃油霧化之後，使其氣化，並與空氣混合之後送入進氣管

節流閥（Throttle Valve）：

　　控制混合氣流量的閥門。

增壓器（Supercharger）：

　　將吸入的空氣或是混合氣加壓之後送出的裝置。

調速器（Governor）：

　　維持螺旋槳轉速的定速裝置。

5-04 軸輸出
只有活塞式引擎的話，無法前進

　　只有活塞式引擎運作的話，飛機無法前進。必須讓引擎運轉螺旋槳，才會產生推力。首先要理解的是，如果要了解引擎的性能，要看的是引擎每單位時間能夠推動多重的螺旋槳，能夠讓螺旋槳轉幾圈。

　　這邊就要提到馬力了。比如說，即使引擎的出力非常的大，螺旋槳的迴轉數不夠也不行。也就是不能只有強大的力量，要看的是每單位時間可以讓螺旋槳轉幾圈，換句話說，重點就在於每單位時間內能作多少功。比如說，大馬力，或是力氣大的意思就是可以在短時間內完成扛重物的工作。在物理的世界內定義也是一樣，馬力指的是每單位時間內作功的量及效率。如右圖的公式所示：

（馬力）＝（作用力）×（距離）/（時間）＝（作用力）×（速度）

　　利用活塞旋轉曲軸之後所能利用的作用力稱為軸馬力。一般來說都會用BHP（制動馬力，Brake HorsePower）來代表。從右圖中的公式可以知道，曲軸的扭力與迴轉數成比例。在以前都是用一個利用迴轉時的固體摩擦力的裝置來測量軸出力，此裝置稱為普洛尼式測功器（Prony Brake），據說制動馬力名稱中的Brake就是從這邊來的。另外，扭力也被稱為轉動力矩，指的是迴轉的作用力乘上從作用點到軸中心的距離，而計算出來作用在迴轉軸上的力矩數值。

● 軸馬力（BHP）

$$（馬力）＝\frac{（功）}{（時間）}＝\frac{（作用力）×（距離）}{（時間）}＝（作用力）×（速度）$$

1 馬力：75 kg・m/s
使用75kg的作用力，以1 m/s 的速度轉動螺旋槳
420 匹馬力指的是420 匹馬來轉動螺旋槳

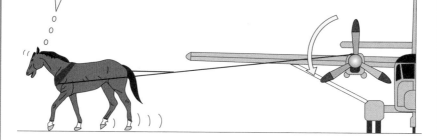

$$（軸馬力）＝\frac{（扭力）×（迴轉數）}{716.2} \qquad （公尺單位）$$

$$（軸馬力）＝\frac{（扭力）×（迴轉數）}{5252.1} \qquad （英呎單位）$$

＊扭力：迴轉作用力的大小、轉動力矩

　（扭力）＝（轉動軸心的作用力）×（軸心到作用力點的距離）

軸輸出與高度

空氣稀薄時

　　飛機想要飛得更高的理由只有一個，因為高空空氣密度減少，阻力也會變小。但是飛高也不是都只有優點，因為飛得過高，引擎的出力就會下降。本節就來確認要怎麼解決這個問題吧。

　　混合氣的質量決定活塞式引擎的出力大小。測量負責送出混合氣的進氣岐管的進氣壓力（MAP：Manifold Air Pressure）就可以推測混合氣的質量。MAP愈大，引擎出力就愈大。但是因為飛行高度提高時，空氣密度也會下降，使得MAP下降，引擎出力也隨著變小。

　　不過，只要把稀薄的空氣集中起來，換句話說，壓縮密度變小的空氣就可以彌補不足的質量，藉此增加了燃料的質量，就可以增大MAP了。在引擎中負責這一個工作的，就是增壓器。增壓器有兩種類型，直接連結到迴轉軸上，以齒輪轉動的機械增壓器（Supercharger），與由氣渦輪機驅動的渦輪增壓器（Turbocharger）。機械增壓器會消耗一部分的軸輸出，與渦輪增壓器相比，渦輪增壓器的優點是利用燃燒後剩餘的熱能，幾乎不消耗軸輸出，此外渦輪增壓器少了齒輪等裝置。如圖所示，在渦輪增壓器的幫助下，當節流閥慢慢開啟且未全開時，無論任何高度都可以保持在最大MAP，節流閥全開超過固定高度之後，出力就會開始下降。這一個節流閥全開且可以保持最大MAP的高度，就稱為臨界高度。

● 軸馬力與高度

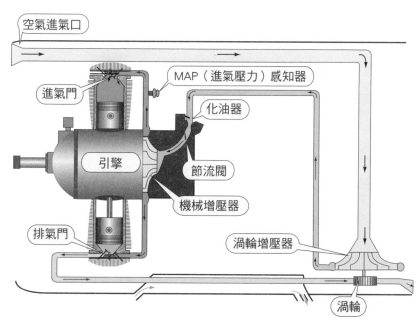

空氣進氣口

MAP（進氣壓力）感知器

進氣門

化油器

引擎

節流閥

機械增壓器

排氣門

渦輪增壓器

渦輪

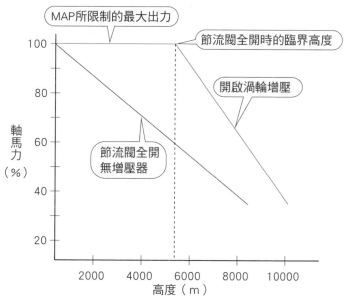

MAP所限制的最大出力

節流閥全開時的臨界高度

開啟渦輪增壓

節流閥全開
無增壓器

軸馬力（％）

高度（m）

渦輪螺旋槳
以渦輪來進行迴轉運動

　　還有另一個方法可以避免活塞式引擎在高空時出力減少的問題，就是加大汽缸的容量。但是這樣做的話，會大幅提升引擎的重量，非常不適合無論如何都要輕量化的飛機。**渦輪螺旋槳引擎**解決了這一個問題，因為該引擎出力與活塞式引擎相同，重量卻只有一半。

　　渦輪螺旋槳引擎是藉由高壓高溫的燃燒氣體來驅動渦輪，藉此獲得迴轉動能，並在迴轉結束後，利用剩下的動能來產生推力。活塞式引擎所有的循環都是在汽缸裡面完成，而渦輪螺旋槳引擎則是分開進行，壓縮機負責壓縮氣體，燃燒室負責加熱，該氣體在燃燒室出口處膨脹，並在排氣管排出熱。

　　如上所述，將大量的空氣連續壓縮燃燒之後，就可以在更高的高度中飛行，也不需要曲軸等等厚重的裝置，正是飛機所需要的**小型輕量化，且帶有大出力的引擎**。因此從小型飛機到大型飛機，大部分的螺旋槳飛機都使用渦輪螺旋槳引擎。

　　右圖中的例子是勞斯萊斯的達特（Dart）引擎，是一具搭載在日本航空製造公司所製造的YS11上，非常具有代表性的渦輪螺旋槳引擎。經過壓縮機壓縮的空氣在燃燒室與燃油混合之後燃燒，產生高溫高壓的氣體。再藉著燃燒氣體膨脹時的能量驅動渦輪，轉換成迴轉動能。另外，引擎的出力大約有90％為軸輸出，10％則從排氣管噴出，藉由動量變化變成推力。

● 渦輪螺旋槳引擎

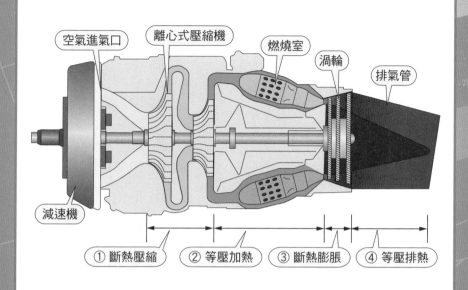

空氣進氣口　離心式壓縮機　燃燒室　渦輪　排氣管

減速機

① 斷熱壓縮　② 等壓加熱　③ 斷熱膨脹　④ 等壓排熱

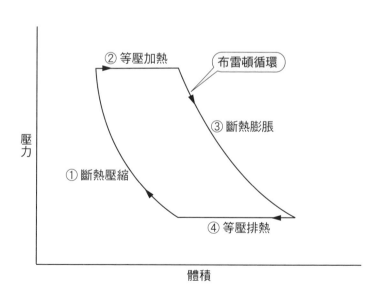

② 等壓加熱　　布雷頓循環

③ 斷熱膨脹

壓力

① 斷熱壓縮

④ 等壓排熱

體積

渦輪螺旋槳的軸輸出
軸馬力、推進馬力、等值軸馬力

　　活塞式引擎的最大迴轉速度大約是6,000 rpm（迴轉數/分），一般轉速大約在2,000～3,000 rpm左右。因為活塞式引擎的迴轉速度與螺旋槳相近，引擎與螺旋槳之間有個調速器，會將螺旋槳調整成以固定速度旋轉。但是渦輪螺旋槳引擎就不同了，渦輪螺旋槳引擎即使在怠速時，轉速也高達6,000 rpm以上，對於驅動螺旋槳的軸輸出來說，轉速太快了，所以該引擎的出力是經由減速機調整過的。因此兩具引擎的軸輸出不同，活塞式引擎軸輸出是BHP，一般渦輪螺旋槳引擎的軸輸出則是 **SHP**（Shaft Horsepower）。

　　另外，引擎出力的一部分是氣體噴射而成的推力，要將推力換算成馬力時，該馬力稱為推進馬力（**THP**：Thrust Horsepower）。在渦輪螺旋槳引擎的性能表上記載的軸輸出，因為是軸馬力與推進馬力相加，所以也稱為等值軸馬力（**ESHP**：Equivalent Shaft Horsepower）。

　　上述的渦輪螺旋槳引擎的性能表中，可以知道起飛時的軸馬力是2775 SHP，氣體噴射的推力有336公斤。起飛速度為100節（約每秒51公尺），此時的推進馬力可以換算成：

（**推進馬力**）＝336 × 51/75＝228 THP

　　另外，推進效率（或稱為螺旋槳效率）代表推進馬力中，有多少個百分比的作用力作用在飛機的推進上，假設推進效率80％的話，可以推得等值軸馬力為：

（**等值軸馬力**）＝2775 ＋ 228/0.8＝3060 ESHP

● 渦輪螺旋槳的軸輸出

（馬力）＝（作用力）×（速度），且1馬力為75kg・m/s，試將推力轉換成馬力，公式如下：

$$
（推進馬力）＝\frac{（推力）×（飛行速度）}{75}
\qquad （公尺單位）
$$

在這邊如果要把推進馬力加進來的話，就必須要考慮到推進馬力有多少個百分比的作用力作用在推進飛機上，推進效率為：

$$
（推進效率）＝\frac{（推進馬力）}{（作功前的推進馬力）}
$$

那麼，實際上作功之後的推進馬力為：

$$
（推進馬力）＝（推進效率）×（作功前的推進馬力）
$$

軸馬力是轉動螺旋槳之前的馬力，要將推進馬力換算成作功前的馬力的話：

$$
（作功前的推進馬力）＝\frac{（推進馬力）}{（推進效率）}
$$

等值軸馬力為軸馬力加上換算成馬力的推力，可以推得公式為：

$$
（等值軸馬力）＝（軸馬力）＋\frac{（推力）×（飛行速度）}{75 ×（推進效率）}
$$

另外，要轉換單位成英呎時，只要將數值75更換為550即可。

渦輪噴射
將吸入的空氣加速噴出以獲得推力

　　渦輪螺旋槳引擎出力大約80～90％是在旋轉螺旋槳，剩下的10～20％則是空氣噴射而得的推力。而渦輪噴射引擎的出力100％都是因氣體噴射而得的推力。

　　渦輪噴射引擎與獲得旋轉能的活塞式引擎不同，是藉由將高壓高溫氣體中的壓力能轉換成動能，並將氣體從排氣管高速排出，利用排除氣體的動量變化獲得推力。這一個噴射氣流不能只有微風般的程度，所以在引擎中會有渦輪（也可以說是壓縮機）來壓縮空氣製造壓力能。因此，在渦輪噴射引擎中使用的並不是離心式壓縮機，而是使用可以產生高壓的軸流式壓縮機。這一種壓縮機有兩種樣式，低壓壓縮機與高壓壓縮機組成的雙軸壓縮機，或是加上中壓壓縮機組成的三軸壓縮機。各個壓縮機並不是經由機械裝置連結，而是利用空氣作用力互相影響和運轉的。

　　之所以壓縮後的空氣流動會變細，是因為空氣被壓縮之後，體積變小，並且保持一定的流速。壓縮過後的空氣進入燃燒室之前，會先通過擴散器總成。在擴散器中，空氣的流速會因為擴散作用而減速，減緩到適合燃燒的速度。在燃燒室中，加上熱能的空氣會變成高溫高壓的氣體，接著加速旋轉渦輪。流過渦輪之後的空氣體積變大的原因，是為了有效率地從膨脹過後的高溫高壓氣體中抽出能源。旋轉完渦輪之後的高壓高溫氣體，會在出口狹窄的噴嘴內加速，往外噴射出去。噴出氣體的動量增加就成為了推力。

● 渦輪噴射

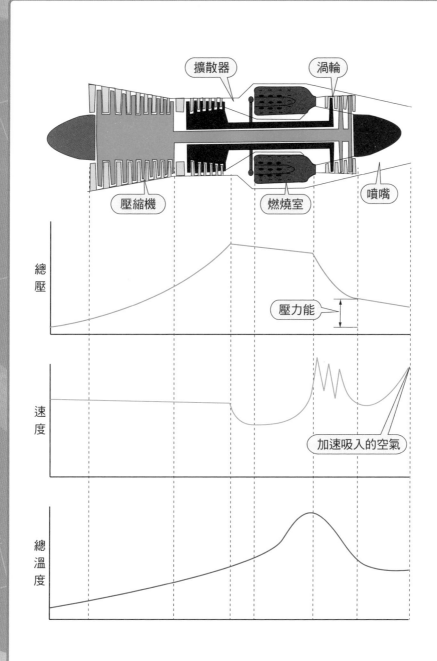

5-09 渦輪扇
不燃燒空氣，而是以風扇推出空氣

　　渦輪噴射引擎全部的引擎出力都是來自於從噴射能量轉換的推力，這種引擎並不適合在超音速以外的速度飛行。那是因為推進效率不好，比如說在時速300公里左右飛行時，渦輪螺旋槳的效率還比渦輪噴射引擎好的多。以游泳來比喻的話，與其大聲的拍打水面濺起水花，倒不如穿上蛙鞋游泳，效率比較好，也比較容易前進。

　　但是渦輪螺旋槳引擎在時速500公里以上的速度飛行時，推進效率會急速的下降。這邊就要介紹另一具引擎，合併了渦輪螺旋槳引擎和渦輪噴射引擎兩種引擎優點的渦輪扇引擎。這種引擎內部有著功用類似蛙鞋的巨大風扇（Fan），與外露的螺旋槳不同，渦輪扇引擎的外部包覆著像是桶子的短艙（引擎外罩）。短艙內部比空氣進氣口要來得大，所以空氣進入短艙之後，會因為擴散作用而減速，在高速飛行時也可以防止風扇的效率降低。

　　渦輪扇引擎中產生的推力有兩種，風扇產生的推力與核心引擎（壓縮機、燃燒室與渦輪等等的部位）產生的推力。通過風扇和通過核心引擎的空氣量比例稱為旁通比（Bypass Ratio）。旁通比愈大風扇產生的推力就愈大，也有引擎的風扇推力占全體推力的80％以上。渦輪扇引擎不只是推進效率好，因為通過風扇的空氣包覆住了核心引擎產生的燃燒氣體，所以引擎產生的噪音非常的小。

● 渦輪扇

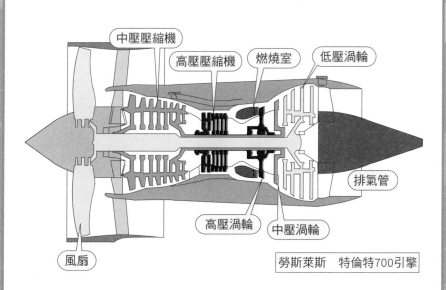

勞斯萊斯　特倫特700引擎

$$旁通比 = \frac{通過風扇的空氣量}{通過引擎內部的空氣}$$

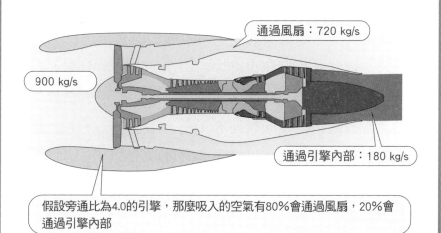

通過風扇：720 kg/s

900 kg/s

通過引擎內部：180 kg/s

假設旁通比為4.0的引擎，那麼吸入的空氣有80%會通過風扇，20%會通過引擎內部

GE CF6 引擎

5-10 噴射引擎的控制方式
全額定（Full Rating）與
水平額定（Flat Rating）

在噴射引擎中最嚴酷的部位是渦輪。因為渦輪是藉著高壓高溫氣體高速的轉動，有可能會產生潛變（**Creep**）。潛變指的是，即使在固定受熱或是外力固定的前提之下，渦輪隨著運轉時間而變形的現象。一旦渦輪開始潛變，就有可能碰觸到外殼或是其他渦輪，接著引擎就會故障了。所以必須要嚴格的限制渦輪的入口溫度。

引擎吸入的空氣溫度會大幅度影響渦輪入口溫度。因此，在氣溫高時，必須要減少進入燃燒室的燃油，也就是說，必須要減少推力。右圖中的紅線表示著氣溫和推力的關係。被溫度所限制的推力就稱為全額定（**Full Rating**）。額定（定級）指的是引擎設計上所保證的運用限度。

接著是氣壓。如果不在意入口溫度的低氣溫，在引擎內部流入過多的燃料時，會使得燃燒壓力過大，發生引擎本身強度的問題。因此必須要固定流入燃燒室的燃油流量，也就是要限制氣壓產生的推力。如圖表所示，隨著氣壓增高，推力就應降低，氣壓變低，推力就可以增大。這種因壓力而限制的推力，就稱為水平額定（**Flat Rating**）。

（註：此小節的全額定與水平額定的部分，中文並沒有專有名詞，此為暫譯。）

● 噴射引擎的控制方式

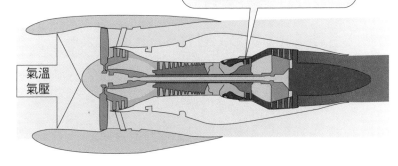

吸入空氣的溫度和氣壓會改變
・渦輪入口溫度
・燃燒室內壓力

氣溫
氣壓

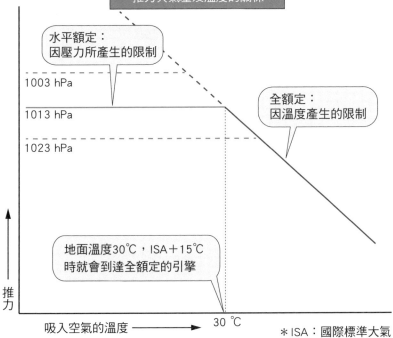

推力與氣壓及溫度的關係

水平額定：
因壓力所產生的限制

1003 hPa

1013 hPa

1023 hPa

全額定：
因溫度產生的限制

地面溫度30℃，ISA＋15℃
時就會到達全額定的引擎

推力

吸入空氣的溫度 ⟶

30 ℃

＊ISA：國際標準大氣

引擎的額定功率

為了安全性和經濟性

　　引擎必須要在設計內所保證的運轉界限內運轉。也就是說，引擎要在安全允許的範圍內運轉。額定動力輸出（或是額定推力）就是基於運轉界限所設定的。

　　活塞式引擎有很多不同的運轉界限，如最大馬力、最大扭力、迴轉速度、進氣壓力、潤滑油溫度、汽缸蓋溫度、臨界高度和時間限制等等。噴射引擎則有著最大推力（渦輪螺旋槳引擎則是最大馬力或是最大扭力）、迴轉速度、排氣溫度及時間限制等等的運轉界限。噴射引擎之所以要限制排氣溫度，是因為渦輪入口溫度過高，無法直接測量。只要遵守這邊提到的運轉界限，使用引擎就可以保有安全性及經濟效率（比如說減少或維持維修費用）。

　　活塞式引擎及渦輪螺旋槳引擎的額定動力輸出中，有兩種不同的輸出，起飛動力輸出以及最大連續動力輸出。起飛推力指的是起飛時常用的推力，使用時間限制在1～5分。最大連續推力指的則是沒有時間限制，可連續使用的額定推力。噴射引擎有著如右圖所示方法設定的起飛推力（時間限制為5分鐘，或10分鐘內）和最大連續推力。除了這些額定推力之外，有些引擎也會設定最大上升推力和最大巡航推力等等的額定推力。另外，本節中提到的，引擎吸入的空氣溫度，指的是在跑道上的外部大氣溫度，或是與飛行中外部的大氣溫度，加上與飛行速度成比例增加的溫度而成的全溫（TAT）。

● 引擎的額定功率

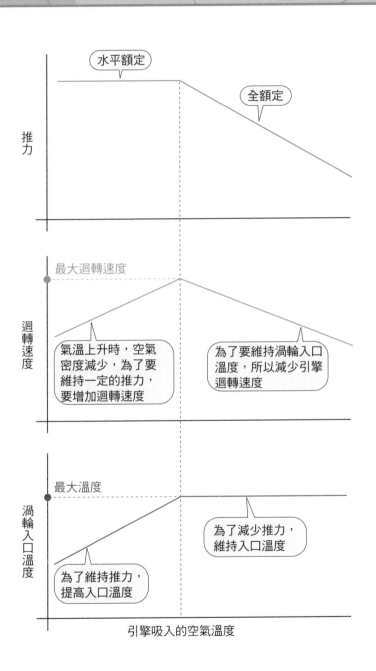

5-12 推力的公式
由氣體加速的程度決定

噴射引擎的推力大小是由引擎吸入的空氣，在引擎內部加速的程度來決定的。用公式來試著推算看看吧？

從牛頓的運動定律可以知道：

（作用力）＝（質量）×（加速度）

但是空氣是流體，和固體不同，空氣的質量隨時都在變化。所以，如果要用作用力來表示空氣中的作用力每秒是如何變化，換句話說，用作用力表示每單位時間空氣動量的變化率的話，可以用以下公式表示推力：

（推力）＝〔（空氣的質量）×（噴射速度）〕/時間
**　　　＝（空氣的質量/時間）×（噴射速度）**

但是，引擎吸入空氣的單位是重量，所以可以推得：

（重量）＝（質量）×（重力加速度）

也就是說：

（空氣的質量）＝（空氣的重量）/（重力加速度）

但是還有一個問題，引擎吸入空氣的流速。比如說，飛行時，引擎吸入的空氣速度會與飛行速度相同。因此，如果噴出空氣速度沒有超過飛行速度的話，等於是沒有給予空氣作用力。沒有推力，飛機也就不會前進了。如剛剛所提到的，以超過飛行速度的速度噴出空氣所造成的有效推力稱為淨推力（Net Thrust）。另外，引擎產生的推力稱為總推力（Gross Thrust），與飛機靜止狀態時的淨推力相同。

● 推力的公式

W_{af}：每單位時間流入風扇的空氣重量 （kg/s）

W_{ac}：每單位時間流入核心引擎的空氣重量（kg/s）

V_a：飛行速度（m/s）　　　　　　g：重力加速度（m/s^2）

V_{jc}：核心引擎噴射速度（m/s）　　V_{jf}：風扇噴射速度（m/s）

（A）F_n：淨推力（Net Thrust）

・渦輪噴射引擎

$$F_n = \frac{W_{ac}}{g}(\ V_{jc} - V_a\ )$$

・渦輪扇引擎

$$F_n = \frac{W_{af}}{g}(\ V_{jf} - V_a\ ) + \frac{W_{ac}}{g}(\ V_{jc} - V_a\ )$$

（B）F_g：總推力（Gross Thrust）

・渦輪噴射引擎

$$F_g = \frac{W_{ac}}{g}(\ V_{jc}\ )$$

・渦輪扇引擎

$$F_g = \frac{W_{af}}{g}(\ V_{jf}\ ) + \frac{W_{ac}}{g}(\ V_{jc}\ )$$

以5-09的圖中CF6為例，計算看看總推力為多少吧。

$W_{af} = 720$ kg/s、$W_{ac} = 180$ kg/s、$V_{jf} = 240$ m/s、$V_{jc} = 320$ m/s

$$F_g = \frac{720}{9.8} \times 240 + \frac{180}{9.8} \times 320$$

$$\fallingdotseq 17630 + 5870 = 23500 \text{ kg}$$

5-13 推力與速度
各個引擎的推力與速度之間的關係

　　右圖表為使用同一具核心引擎，引擎類型不同時的淨推力大小比較的圖表，分別是渦輪螺旋槳引擎、渦輪噴射引擎及渦輪扇引擎。在本節就來思考看看為什麼圖表會畫成這樣吧。

　　推力公式為：

（淨推力）＝（每秒吸入空氣的量）×（噴射速度－飛行速度）

　　從公式中可以知道有兩種增加推力的方法：增加吸入空氣的量，或是提高噴射速度。

　　從圖表中可以知道飛行速度零時，渦輪螺旋槳引擎的淨推力（此時也可以稱為靜推力）最大。那是因為通過螺旋槳的空氣量比通過噴射引擎要來得多，也因此螺旋槳飛機起飛的性能相當優秀。但是飛行速度超過每小時300公里時，螺旋槳飛機的淨推力會大幅度減少。那是因為通過螺旋槳尖端的空氣此時就會超過音速，大幅度的增加阻力，螺旋槳的效率就會下降。

　　另一方面，從圖中也可以知道渦輪扇引擎及渦輪噴射引擎的推力到每小時500公里時是緩慢地降低，即使是超過500公里的飛行速度也不太會受到影響。那是因為飛行速度拉高時空氣會被壓縮，引擎吸入的空氣量就會自然地增加。這一個現象稱為衝壓效應（**Ram Effect**）。高度愈高空氣愈稀薄的話，衝壓效應的影響就愈大。從這邊可以知道，渦輪螺旋槳引擎適合低高度以亞音速飛行，渦輪扇引擎適合跨音速，渦輪噴射引擎則適合超音速飛行。

● 推力與速度

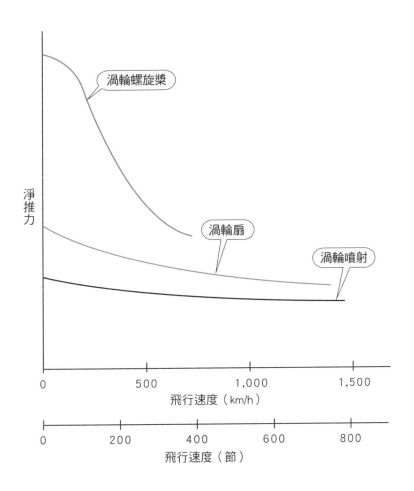

（淨推力）＝（每秒吸入的空氣量）×（噴射速度 － 飛行速度）

※此圖為同一具核心引擎，在高度0m時比較淨推力的大小。

5-14 推進效率
以較慢的速度噴射時，效率較好

推進效率指的是引擎的輸出功率中有多少個百分比是作用在將飛機往前推進的，所以：

（推進效率）＝（推進時作的功）/（引擎輸出能量）

用數學公式來試著推算這一個推進效率吧。

首先：

（功）＝（作用力）×（距離）（單位：kg・m）

另外，所謂的能量指的是作功的能力，能量與功的單位相同。推進飛機的是推力，所以推進飛機一秒所作的功為：

（推進時作的功）＝（推力）×（飛行速度）

引擎負責作功，其輸出能量會轉換成運動能量傳給空氣，讓空氣得以加速到比吸入時的速度還快，也就是比飛行速度還要更快的速度，計算公式如右圖。從以上的公式，可以推得推進效率為：

（推進效率）＝2/{1＋（噴射速度/飛行速度）}

從公式中可以知道，噴射速度愈接近飛行速度，推進效率就愈趨進於1.0，也就是愈接近100％。但是噴射速度與飛行速度相同時就不會產生淨推力，所以理論上不會有100％的推進效率。

另外，也可以知道飛行速度在音速以下時，將大量的空氣以接近飛行速度的速度噴射出去，會比超過飛行速度要來得有效率。

● 推進效率

W_a：每秒單位的空氣重量　　　　m：空氣質量

V_a：飛行速度　　　V_j：噴射速度

$$推進效率 = \frac{推進時作的功}{引擎輸出能量}$$

因為 $m = \dfrac{W_a}{g}$ 所以推力 $T = m(V_j - V_a)$，從這邊可以推得：

$$推進時作的功 = m(V_j - V_a)V_a$$

$$引擎輸出能量 = \frac{1}{2}mV_j{}^2 - \frac{1}{2}mV_a{}^2$$

$$= \frac{1}{2}m(V_j{}^2 - V_a{}^2)$$

從以上公式可以推得推進效率 η：

$$\eta = \frac{m(V_j - V_a)V_a}{\dfrac{1}{2}m(V_j{}^2 - V_a{}^2)}$$

$$= \frac{(V_j - V_a)V_a}{\dfrac{1}{2}(V_j - V_a)(V_j + V_a)}$$

$$\therefore \quad \eta = \frac{2}{1 + \dfrac{V_j}{V_a}}$$

$$推進效率 = \frac{2}{1 + (噴射速度／飛行速度)}$$

5-15 引擎與推進效率
推進效率決定引擎的角色

在本節中，要利用推進效率再次確認渦輪螺旋槳引擎適合亞音速，渦輪扇引擎適合穿音速，以及渦輪噴射引擎適合超音速。

首先是渦輪螺旋槳引擎。從右圖中可以知道此引擎在飛行速度約每小時600公里時推進效率最好。那是因為此時螺旋槳的噴射速度最接近飛行速度。但是，飛行速度超過每小時600公里時，推進效率會大幅度降低。那是因為即使螺旋槳的旋轉速度固定不動，此時的飛行速度會使得螺旋槳尖端的相對速度超過音速，進而產生震波。此時，就算引擎持續對螺旋槳作功使其旋轉，也會因為螺旋槳尖端震波產生的造波阻力，使得推力變得非常的小。這就是螺旋槳的問題，所以可以知道渦輪螺旋槳引擎適合在亞音速領域飛行，因為不需要考慮空氣壓縮性。

渦輪噴射引擎則是速度愈高推進效率愈好。並不是像渦輪螺旋槳引擎般使噴射速度接近飛行速度，而是因為飛行速度接近噴射速度，使得（噴射速度）/（飛行速度）趨近於1。但是因為衝壓效應的關係，速度提高時，引擎吸入的空氣溫度就會上升，溫度過高時渦輪的耐熱性就會產生問題，因此最大速度會限制在3馬赫左右。渦輪扇引擎在穿音速領域飛行時，推進效率較好，剛好填補了渦輪螺旋槳引擎與渦輪噴射引擎中間速度領域的空缺。渦輪扇引擎和渦輪螺旋槳引擎相同，在接近音速時推進效率降低，原因也是因為風扇迴轉速度的關係。

● 引擎與推進效率

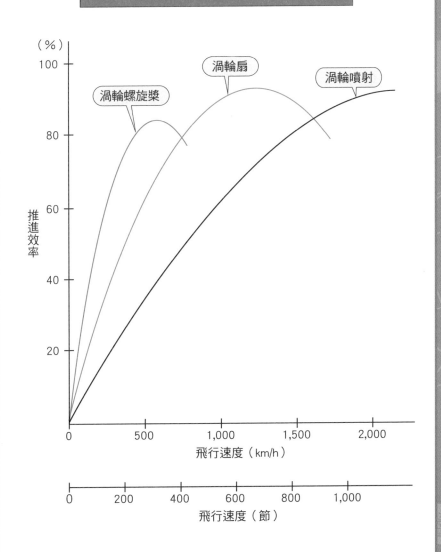

螺旋槳動量理論

與噴射引擎同樣的思考方式

　　有兩個理論是論述關於螺旋槳產生推力的機制，分別是動量理論以及槳葉剖面理論。動量理論的思考方式與噴射引擎產生推力的思考方式相同，螺旋槳是將空氣加速往後方推，藉由動量變化來產生推力。在本節先來看動量理論吧。

　　從側邊看螺旋槳轉動的樣子，如右圖上方，從側面看的螺旋槳稱為螺旋槳圓盤。通過這個圓盤每單位時間空氣的質量為：

（空氣質量）＝（空氣密度）×（空氣通過圓盤的速度）×（圓盤面積）

　　假設螺旋槳的推力與噴射引擎產生推力的方式相同，空氣經過圓盤之後加速往後方噴去，也就是螺旋槳使空氣運動的話，可以用以下公式表示：

（推力）＝（空氣質量）×（噴射速度－飛行速度）

　　另外，螺旋槳圓盤前方與後方靜壓的差距也算入推進螺旋槳的作用力，也就是計算成推力的話，公式為：

（推力）＝（圓盤前方靜壓－圓盤後方靜壓）×（圓盤面積）

　　如右圖中的數學公式所示。從這兩個推力的公式中可以推得螺旋槳增加的速度為：

（增加的速度）＝1/2 ×（滑流的流速＋飛行速度）

　　從這一個公式中可以知道，空氣通過螺旋槳前就會加速到一半，通過螺旋槳之後就會完整的加速。

● 動量理論

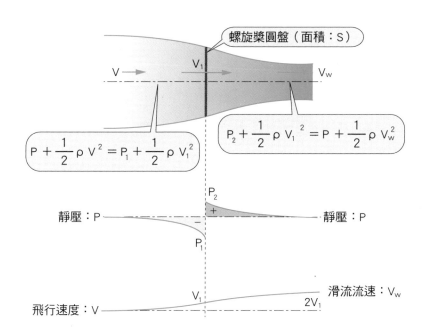

每單位時間通過圓盤的空氣質量為 $\rho V_1 S$。

假設推力為T，那麼，與噴射引擎相同：

$$T = \rho V_1 S (V_w - V)$$

另外，推力 $= (P_2 - P_1)S$ ，所以可以推得：

$$T = \frac{1}{2} \rho (V_w^2 - V^2)S$$

從兩個推力公式中，可以推得：

$$V_1 = \frac{1}{2}(V_w + V)$$

槳葉剖面理論

從極小的部分擴展到全體

　　槳葉剖面理論是將螺旋槳薄薄的剖面，也稱為**槳葉剖面**，視為飛機的主翼，將槳葉剖面產生的所有升力和阻力當作是推力，並擴展到螺旋槳全體，也就是說，**將槳葉剖面發生的微小推力去對螺旋槳半徑作積分，藉此推算出整體的推力**。槳葉剖面理論會說明動量理論沒有談到的迴轉速度、推力和槳葉角之間的關係。螺旋槳轉一圈時前進的距離，在本節中稱為**槳距**。槳距（Pitch）與槳葉角（Pitch Angle）的英文中都有Pitch，雖然是不同的名詞，但是兩者關係相當密切，槳葉角大時，螺旋槳一迴轉前進的距離就會變大，槳葉角小時，距離就會變短。

　　接著來看看槳葉角與推力的關係。槳葉剖面與主翼相同，在某一個攻角時產生升力的效率最好。因此，最好的方式就是讓螺旋槳在推力的產生效率最好的攻角下運轉。但是隨著飛行速度改變，槳葉剖面的攻角也會隨著改變。如果可以配合飛行速度改變槳葉角，就能隨時轉換成有效率獲得推力的攻角。

　　可以改變槳葉角的螺旋槳稱為**變距螺旋槳**。這種類型的螺旋槳，可以在飛行速度拉高，攻角變小時，加大槳葉角來保持最佳攻角。但是槳葉角也有限制，所以超過某一個速度時，攻角還是會變小，螺旋槳的效率還是會降低。

● 槳葉剖面理論

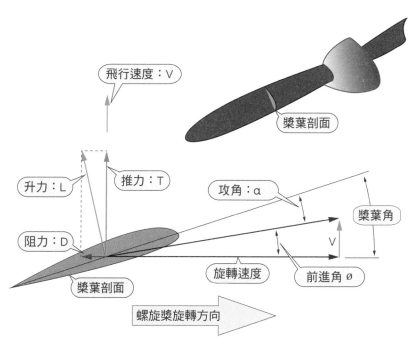

飛行速度：V

槳葉剖面

升力：L

推力：T

攻角：α

槳葉角

阻力：D

槳葉剖面

旋轉速度

前進角 ø

V

螺旋槳旋轉方向

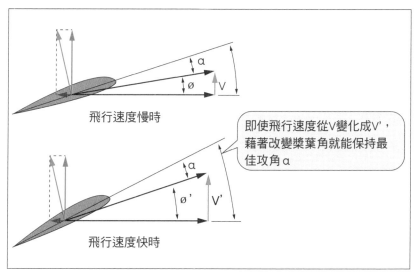

α

ø

V

飛行速度慢時

即使飛行速度從V變化成V'，藉著改變槳葉角就能保持最佳攻角α

α

ø'

V'

飛行速度快時

5-18 扭力的反作用力與陀螺進動
螺旋槳單方向旋轉的作用力

　　單方向旋轉的螺旋槳會帶給飛機非對稱的作用力。其中一個就是**扭力的反作用力**。當年萊特兄弟的解決方式，就是讓左右兩個螺旋槳轉向不同的方向。

　　扭力的反作用力，也可以說是螺旋槳在旋轉時，反作用力作用在機體上的迴轉力。比如說，從駕駛座看是右旋轉的單引擎螺旋槳飛機，提升引擎輸出時，旋轉螺旋槳的扭力反作用力會產生往左的滾轉作用力，從高輸出快速地降低輸出時，會產生往右的滾轉作用力。為了因應這種作用力，駕駛會使用副翼配平，產生滾轉力矩來抵消扭力產生的反作用力。

　　這邊提個題外話，直昇機如果只有一台主引擎轉動水平旋翼的話，會因為扭力的反作用力使得直昇機旋轉，因此會在尾部加一個反扭矩尾槳來抵消扭力的反作用力。順便再提一個別的話題，美國製的螺旋槳引擎都是右旋轉，因此噴射引擎也都是右旋轉，不過勞斯萊斯製造的渦輪螺旋槳引擎和噴射引擎則是左旋轉。

　　回到螺旋槳，螺旋槳還具有另一個類似陀螺儀的性質。對陀螺儀某一個地方施力時，它的迴轉軸會轉向和作用力成直角的方向，這一個性質稱為**攝動**。右旋轉單引擎螺旋槳飛機準備要右轉彎，使機首向右時，會因為攝動而產生使機首向下的作用力。這一個現象稱為**陀螺進動**，要注意的是，在低高度引擎高輸出爬升時，此時如果急轉彎，機首向下的作用力會非常的大。

● 扭力的反作用力

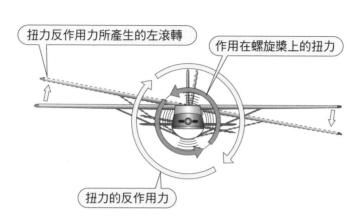

扭力反作用力所產生的左滾轉

作用在螺旋槳上的扭力

扭力的反作用力

● 陀螺進動

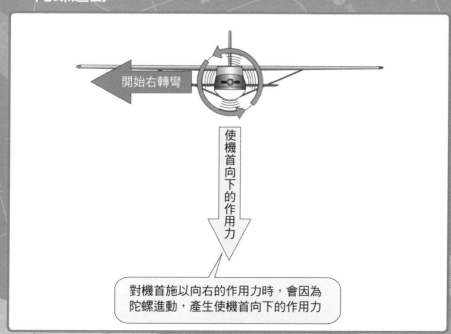

開始右轉彎

使機首向下的作用力

對機首施以向右的作用力時，會因為陀螺進動，產生使機首向下的作用力

5-19 螺旋槳滑流的影響
影響主翼、水平尾翼和垂直尾翼

　　通過螺旋槳的空氣會形成比飛行速度更快、更強的迴轉氣流，對於主翼與尾翼來說有相當大的影響。在本節就來說明會有什麼樣的影響吧。

　　比如說，右旋轉的單引擎螺旋槳飛機，氣流通過螺旋槳之後，會變成右旋轉的旋轉滑流，流向垂直尾翼。因為這一個滑流的關係，方向舵會像4-07中所提到的，採取某種程度的攻角，在右翼面產生升力，**產生使機首向左的偏航力矩**。這和前一節提到的扭力反作用力所產生的左滾轉力矩相同方向，此時如果都不操縱飛機的話，飛機會自己開始左轉彎。

　　為了讓駕駛不用疲於處理這種作用力，在飛行階段中，耗時最長的巡航階段時，讓駕駛可以不用操縱飛機，飛機就可以直接飛行，有幾個不同的方法，例如**方向舵的裝置角度稍微偏離飛機中心線1～2°**，或是**錯開螺旋槳旋轉軸的設置角度**等等。但是這幾種作法只能讓飛機在巡航時保持作用力平衡，巡航以外的飛行階段如起飛降落，或是爬昇等等階段時，還是需要經由各個舵面來修正作用力。

　　在說明螺旋槳滑流與飛機的運動有什麼關係前，先來看看水平飛行中增加引擎輸出時會發生什麼事情吧。

　　在穩定飛行時，增加引擎出力會讓主翼的升力增加，水平尾翼使空氣往下的角度增加，使得機首向上。此時扭力反作用力會使機體向左傾，而螺旋槳滑流則讓機首會往左偏。減少出力時，會發生相反的現象。像這種因引擎輸出變化產生的滾轉力矩和偏航力矩就要靠**副翼和方向舵**來修正。

● 螺旋槳滑流的影響

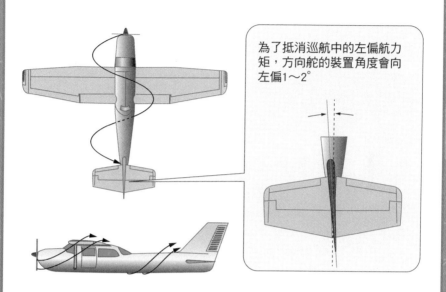

為了抵消巡航中的左偏航力矩，方向舵的裝置角度會向左偏1～2°

水平飛行時，增加引擎輸出時，會因為螺旋槳所產生的影響

・主翼的升力增加，水平尾翼使空氣往下的角度增加 使機首向上

・因扭力的反作用力產生的左滾轉力矩 使機體向左傾

・因螺旋槳滑流產生的左偏航力矩 機首向左偏

P因子
左右的推力差距

　　螺旋槳的影響除了前面小節敘述到的三個現象之外，還有一個P因子，或稱為非對稱負載。指的是因為左右非對稱的推力的產生使得機首向左的現象。

　　前面提到的三個影響，是在空氣的流動是與螺旋槳旋轉面垂直的角度去思考的。但是實際上空氣的流動並非都是垂直的。比如說，在低速飛行時，為了要維持與速度成比例的升力，要把主翼的攻角加大，也就是要維持機首向上的姿勢飛行，這個時候螺旋槳旋轉面與空氣的流動就不是垂直的了。

　　以飛行路線和螺旋槳旋轉軸不一致的，機首向上的飛行姿勢飛行時，會因為旋轉面和水平的速度成分，使得此時的螺旋槳承受著由下往上吹的空氣旋轉。因為由下往上吹的空氣流動，使得旋轉面的右半邊為逆風，左半邊為順風。因此可以知道，空氣通過逆風的右半邊槳葉時，流速會加速，通過左半邊時流速會減緩。

　　從這邊可以知道，槳葉轉向右半邊時，升力變大，槳葉轉向左半邊時升力變小。因為旋轉面的右側面產生的升力比左側面的升力大，會產生使機首向左的偏航力矩。這個現象就稱為P因子。

　　另外，因為升力的差距就代表著誘導阻力的差距，左右兩邊不同的阻力差距，會在旋轉軸周邊產生使機首向上的俯仰力矩。

● P因子

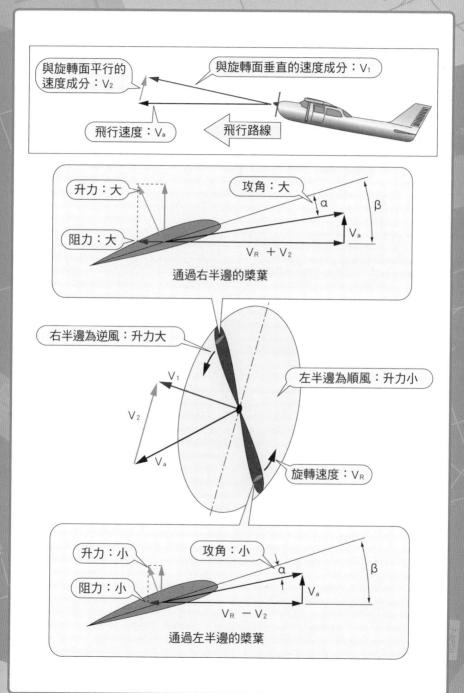

與旋轉面平行的速度成分：V_2

與旋轉面垂直的速度成分：V_1

飛行速度：V_a

飛行路線

升力：大

攻角：大

阻力：大

V_a

$V_R + V_2$

通過右半邊的槳葉

右半邊為逆風：升力大

左半邊為順風：升力小

V_1

V_2

V_a

旋轉速度：V_R

升力：小

攻角：小

阻力：小

V_a

$V_R - V_2$

通過左半邊的槳葉

壓力高度表的刻度

　　壓力高度表的顯示方式是將測量飛行位置的氣壓轉換成高度。用公式來表示看看氣壓高度表的刻度吧。以下的公式中，地表的氣壓為p0，某高度hp的氣壓為p，氣壓比為 δ 。

（1）高度36089.24 ft以下時

hp＝（288.15/0.0019812）*（1－（p/p0）^0.190263）

　　＝145442.15*（1－（p/p0）^0.190263）

　　＝145442.15*（1－ δ ^0.190263）

（2）超過高度36089.24 ft時

hp＝36089.24-20805.8*LN（（p/p0）/0.2233598）

　　＝36089.24-20805.8*LN（（p/p0）*4.47708）

　　＝36089.24-20805.8*LN（ δ *4.47708）

　　但是，地表氣壓也不一定都是1大氣壓。這時候就要配合地表的氣壓來調整高度表，這個動作稱為高度表撥定（Altimeter Setting）。假設地表氣壓並不是1時，地表氣壓為po＋△p，可以推得要調整的數值為：

△hp＝145442.15*（1－（（po＋△p）/po）^0.190263）

　　＝145442.15*（1－（1＋（△p/po））^0.190263）

第6章

飛行所需的性能

飛機如果沒有達到法律規定的「飛機構造或性能標準」，就沒有辦法飛上天空。

在本章會確認從起飛到著陸為止的性能標準，以及飛機在空中飛行時的飛行性質與能力。

飛機的適航類別
飛機的類型不同，性能標準就不同

　　要說明飛機的性能之前，先來重新確認什麼是飛機，以及有什麼類型的飛機吧。

　　根據日本的航空法第二條「所謂的航空器，指的是可以供人搭乘，航空使用的飛機、直昇機、滑翔機以及飛船，或是其他行政法令中訂定可用於航空的其他機械。」從內容中可以知道所謂的航空器，就是在空中飛行可供人搭乘的所有物件的總稱。從右圖上方的飛機分類概略圖可以知道，本書中所提到的飛機，指的並不是比空氣輕，利用浮力在空中飛行的機械，而是利用引擎等等的動力裝置，在固定的機翼上面產生升力在空中飛行的機械。

　　另外，為了安全，在路上跑的車子有交通規則，同樣地，為了在空中安全飛行，飛機也有航空法施行法則要遵守。日本的航空法施行法則附屬第一條中提到，飛機如果沒有「足以確保飛機及裝備品的強度，及符合構造及性能標準」就沒有辦法在空中飛行。審核的基準則是依照「適航性審查要領」來檢查，其中，根據每架飛機的適航類別不同，詳細的規定了各個不同的強度及性能標準。

　　適航類別是一種分類規定，用來區分航空器的基準強度、構造以及性能，目的是確保不同種類及用途的航空器之飛行安全。飛機適航類別有：特技飛行A（Acrobatic）、通用U（Utility）、一般N（Normal）、短程客機C（Commuter）及運輸機T（Transport）。

● 什麼是飛機

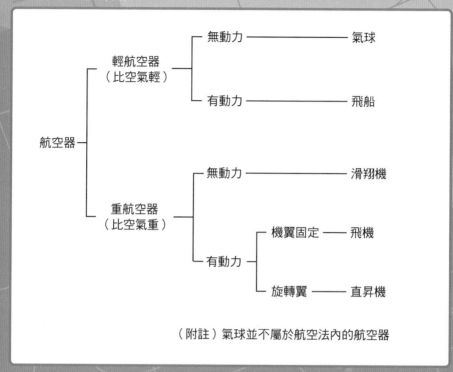

（附註）氣球並不屬於航空法內的航空器

● 飛機的適航類別

特技飛行 A	最大起飛重量5700kg以下的飛機，適合一般N飛行及特技飛行
通用 U	最大起飛重量5700kg以下的飛機，適合一般N飛行，並且可以進行超過傾斜角60°的轉彎、尾螺旋、8字形飛行法及向台兒（Chandelle）飛行法（扣除激烈的飛行方式及倒飛）
一般 N	最大起飛重量5700kg以下的飛機，適合一般（包含轉彎傾斜角度不超過60°及失速（扣除翼尖失速））的飛行。
短程客機 C	最大起飛重量8618kg以下的多引擎飛機，適合航空運輸的飛機（客席數量限制在19席以內）
運輸機 T	適用於航空運輸的飛機

單引擎飛機的起飛
什麼是起飛距離

　　首先先來看單引擎飛機的起飛吧。起飛指的是飛機從靜止狀態到達可以安全飛行的階段。而且要在固定長度的跑道中完成起飛。對於起飛的速度有嚴格的規範。

　　從靜止點開始加速到抬輪速度V_R，繼續加速到升空速度V_{LOF}時把操縱桿往後拉，機輪就會離開跑道，此時的飛機處於升空狀態。但是起飛階段還沒有完成，要在沒有失速的前提下，將高度拉到離地面15公尺，才能夠說是完整的起飛。

　　如果在速度V_R就拉操縱桿的話，飛機會失速。為了防止飛機失速，假設起飛時的失速速度為V_{S1}，那麼：

$$V_R \geqq V_{S1}$$

　　另外，V_{LOF}的速度必須要是不容易失速，且必須是能夠持續加速到在飛達離地面15公尺時所需要的速度。

　　單引擎飛機不使用V_R或是V_{LOF}來代表必須要到達的標高15公尺的速度。在這邊是用運輸機所使用的V_2，也就是安全起飛速度來代表單引擎飛機的安全起飛速度。因此，單引擎飛機可以安全，且持續的進行起飛的速度為：

$$V_2 \geqq 1.20 \times V_{S1}$$

● 單引擎飛機的起飛距離

起飛距離：從跑道起點開始，高度達到離地面15m的水平距離。

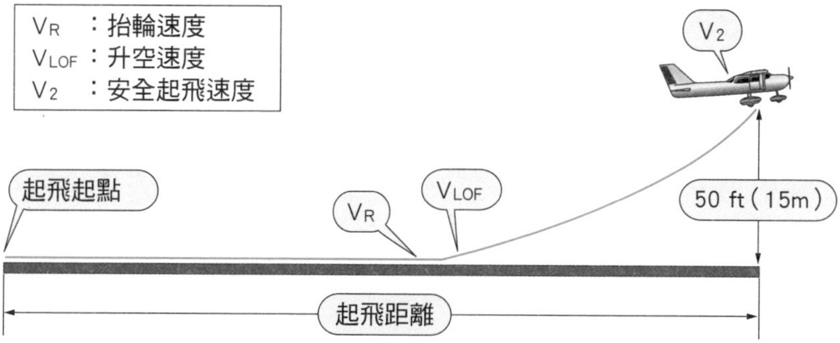

V_R　：抬輪速度
V_{LOF}：升空速度
V_2　：安全起飛速度

V_2

起飛起點

V_{LOF}

V_R

50 ft（15m）

起飛距離

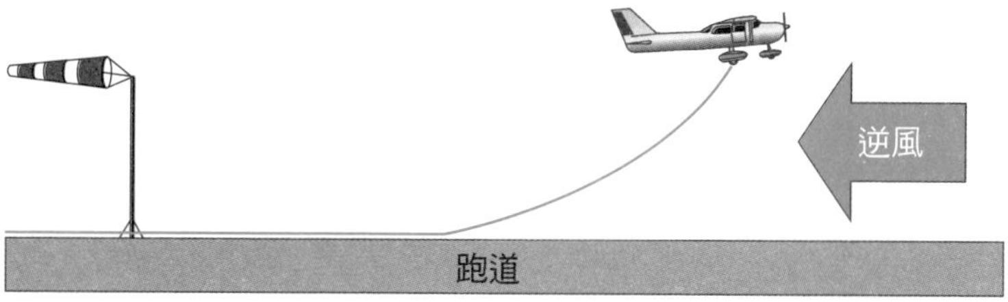

逆風

跑道

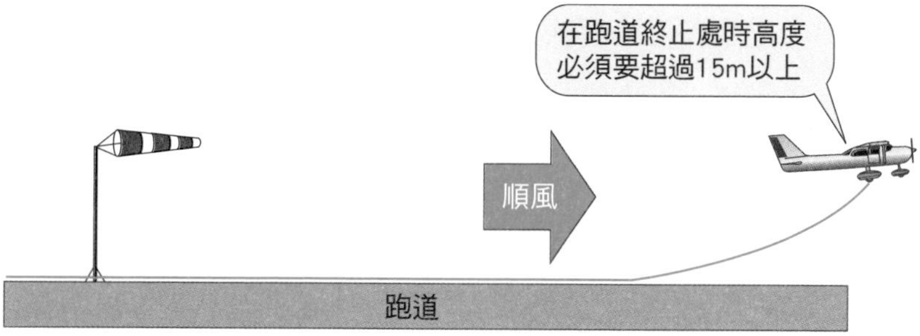

在跑道終止處時高度
必須要超過15m以上

順風

跑道

運輸機的起飛
運輸機（客機或是貨機）的起飛距離

　　運輸機的起飛順序基本上和單引擎飛機相同。不過，要達到的高度並不是50英呎（15公尺），而是35英呎（10.7公尺），也就是單引擎飛機所需要達到的七成高度。另外，運輸機的起飛速度除了V_R、V_2之外，還有V_{EF}和V_1。

　　運輸機都是設計成萬一單邊引擎故障時，還能安全的飛行，所以運輸機都是多引擎飛機。比如說，起飛時發生了引擎故障，要判別是否要繼續起飛，且能避開障礙物安全爬升到一定高度，或是在跑道內終止起飛動作，要做出決定之前的速度就是V_1，在到達此速度之前駕駛可以選擇繼續起飛或是中斷起飛。

　　起飛階段開始，假設開始加速時，在速度V_{EF}時突然發生引擎故障，速度V_1時發現引擎故障，決定要繼續起飛而升空，飛機在通過跑道的終點時，必須要達到V_2的速度，並且高度要拉到10.7公尺以上才行。如果不是引擎故障，而是在速度V_1時發生了必須要終止起飛的狀況時，飛機也必須要在跑道終點前完全停止。決定繼續起飛的水平距離稱為加速起飛距離，中止起飛階段，到飛機完全停止的距離稱為加速煞停距離。另外，起飛距離都會設定的比實際上所需要的距離還要再長15％，和上面提到兩個距離比起來，起飛距離最長。萬一發生故障時，會對飛行有不良影響的引擎稱為臨界發動機（**Critical Engine**）。下一節會確認臨界發動機與起飛物度V_1、V_R與V_2之間的關係。

● 運輸機的起飛距離

運輸機的起飛距離：以下三個距離中最長的距離
・加速起飛距離
・加速煞停距離
・引擎全正常運轉狀態下的所需起飛距離 × 1.15

V_{EF}　引擎失效速度：假設臨界發動機在起飛階段中故障時的速度
V_1　起飛決斷速度：決定繼續起飛或是中止起飛的速度
V_R　抬輪速度：開始進行拉起機首動作的速度
V_2　安全起飛速度：可以達到高度10.7 m（35 ft），且不易失速的速度

＊臨界發動機：會對飛行有不良影響的引擎

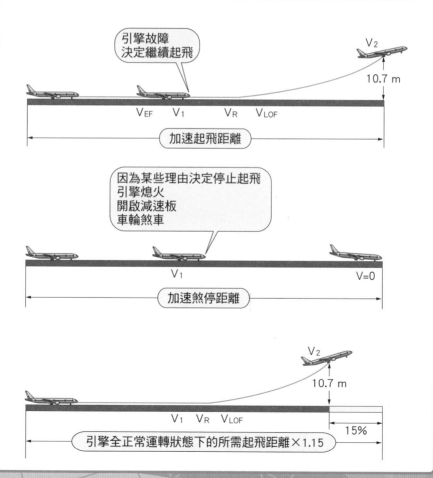

臨界發動機
與起飛速度V₁之間的關係

對於運輸機來說，在起飛中突然故障，且會大幅影響飛行性的引擎稱為臨界發動機（Critical Engine）。以實例來確認看看吧。右圖上方的YS-11的達特引擎是左旋轉的引擎。因此當右邊的引擎失效時，加上左螺旋槳的P因子作用，往右的偏航力矩會大幅度的增強。此時因為右邊的引擎失效會對於飛機的飛行性帶來負面的影響，因此右引擎就是臨界發動機。

如果是噴射引擎的話，比如說四引擎飛機的左右翼尖的引擎，或是像MD-11中央引擎設置在機體重心位置的上方。當剛剛提到的引擎失效時，飛機就會喪失機首向下的力矩，所以這些引擎都是臨界發動機。另外，如果是將引擎裝置在機翼上，起飛時斜前方吹來一陣風，迎風處的引擎如果產生故障就會大幅影響飛行性能，所以迎風處的引擎就是臨界發動機。

臨界發動機失效時，就要靠著各個操縱舵面來維持飛機的直線飛行。各個操縱舵面所產生的升力與飛行速度成比例，因此有一個速度稱為最小控制速度V_{MC}，此速度與舵面效率相關，以這一個速度飛行就得以繼續直線飛行。如果是要單指在地表的最小控制速度則是V_{MCG}。

在V_1決定要繼續起飛後，為了要可以在跑道上直線前進，需要$V_1 \geqq V_{EF} + \Delta V$，$V_{EF} \geqq V_{MCG}$，且$V_R > 1.05\ V_{MC}$。升空之後，為了要可以直線飛行，必須讓$V_2 > 1.10\ V_{MC}$。

● 臨界發動機

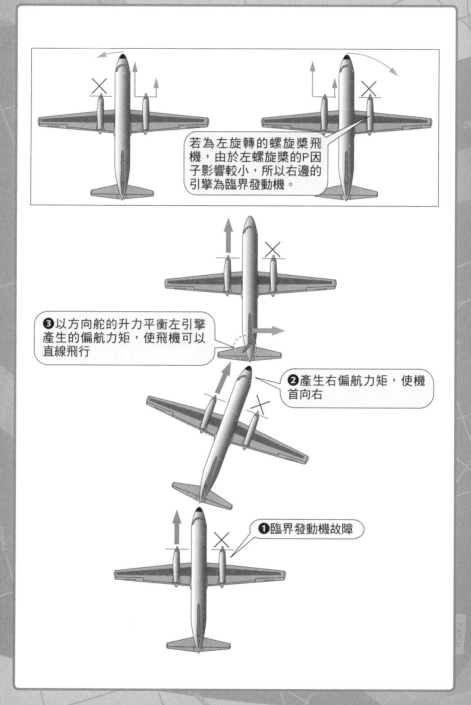

若為左旋轉的螺旋槳飛機，由於左螺旋槳的P因子影響較小，所以右邊的引擎為臨界發動機。

❸以方向舵的升力平衡左引擎產生的偏航力矩，使飛機可以直線飛行

❷產生右偏航力矩，使機首向右

❶臨界發動機故障

起飛速度與起飛距離

整理與起飛速度有關的速度

　　起飛距離會隨著起飛速度產生大幅度的變化。比如說，加大V_1時，因為到V_R的距離變短，所以加速起飛距離就會變短。因為要從更快的速度停止，所以加速煞停距離會變長。如右圖中所示，選擇加速煞停距離與加速起飛距離相等的V_1速度的話，起飛距離就會是最短。加速煞停距離與加速起飛距離相等的V_1速度稱為平衡V_1。

　　接著來排列V_1到V_R之間的速度吧，從慢的開始排起。首先是V_{MCG}，速度不到V_{MCG}時，會直接停止起飛階段。臨界發動機故障時的假設速度V_{EF}則是比V_{MCG}快。接著是決定是否繼續起飛或是中止起飛速度V_1。但是，煞車有著可吸收最大能量的限制，也就是動能轉熱能的最大限制，超過這一個限制時煞車就會失靈，飛機就會停不下來，這一個速度稱為最大煞車能量上限速度V_{MBE}（Maximum Brake Energy Speed）。因此V_{MBE}比V_1快。

　　在速度V_R開始進行起飛的操作，V_{LOF}開始升空，V_{LOF}是安全升空之後可以繼續進行起飛動作的最小速度，此速度會比最小安全離地速度V_{MU}要來得快。V_{MU}是飛機在V_R開始進行起飛的動作時，升力與起飛重量相同的最小速度，也可以說是以機首向上的姿勢進行1g飛行的最小速度。

　　另外只有V_1速度是可由各個航空公司調整的。其他的速度如V_{MCG}等飛機本身所設限的速度是無法隨意調整的。說是這樣說，V_1速度的調整也是要滿足其他條件，在固定的範圍內才能調整。

● 起飛速度與起飛距離

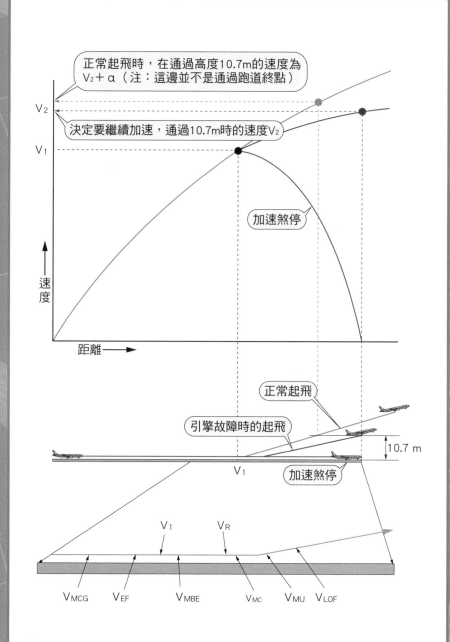

6-06 起飛滑行中作用力之間的關係
影響起飛距離的因素

　　在本節來思考一下起飛推力、起飛重量、襟翼與起飛距離之間的關係吧。起飛推力愈大，起飛距離就會愈短。起飛重量愈重，愈需要時間加速，所以起飛距離就會愈長。把襟翼往下放時，升力C_L會增加，同時阻力C_D也會增加，從右圖中的公式（$C_D - \mu C_L$）可以知道，實際上還是變小，所以加速度會變大。另外，襟翼角度愈大，C_L就愈大，起飛距離就愈短。

　　接著是來看看跑道路面的狀態（斜度、積雪等等）。假設是上坡坡度2°，飛機起飛重量350噸的話，在這個跑道起飛時，推力會減少350×0.02＝7噸，不利於加速。反過來說，下坡對加速有幫助，但是對煞車不利，加速煞停距離反而會變長。運輸機是禁止在坡度超過2°的跑道起降的。另外，下雨或是有積雪時，為了要在跑道內完全煞停，就必須要降低V_1。因為降低V_1，所以到達V_R之前的距離就會變長。因為整體起飛距離變長，此時就不再是平衡V_1了。

　　最後是風。不過右邊的圖解中並沒有風的因素加進去。因為空氣速度就已經決定了升力和阻力。比如說，在完全停止的狀態下，吹著每秒70公尺的逆風，此時空速計會顯示每秒70公尺的速度，在這一個速度下，即使起飛距離零也可以升空。即使不是這麼極端的風速，只要是稍微有一點逆風，起飛距離就會變短，順風時，起飛距離就會變長。

● 起飛

起飛滑行中的作用力關係

W：飛行重量　L：升力　T：推力　D：阻力　α：加速度　S：翼面積
μ：摩擦係數　g：重力加速度　q：動壓　φ：跑道坡度

（移動飛機的作用力）＝（質量）×（加速度）

$$= \frac{W}{g} \alpha$$

（移動飛機的作用力）＝（推力）－（阻力）－（摩擦力）－（坡度）

$$= T - D - \mu (W - L) - \phi W$$

從以上公式可以推得：

$$\frac{W}{g} \alpha = T - D - \mu (W - L) - \phi W$$

$$\alpha = \frac{g}{W} \{ T - D - \mu (W - L) - \phi W \}$$

把升力的公式和阻力的公式代入的話，可以推得：

$$\alpha = \frac{g}{W} \{ (T - \mu W) - (C_D - \mu C_L) qS - \phi W \}$$

起飛過程
到起飛階段結束的過程

　　運輸機通過跑道上空10.7公尺並不代表著起飛階段的結束。飛機在即使臨界引擎故障，也繼續升空，將高度拉至450公尺（1,500英呎），且完全地從**起飛姿態**（起落架下降，襟翼下降）轉換成**航行姿態**（收起起落架，收起襟翼），才能說是結束起飛階段。接著來看看雙引擎飛機的起飛吧。

　　雙引擎飛機的起飛過程為：「從靜止點開始加速，加速中在速度V_{EF}時發現一邊的引擎失效，起飛推力剩下50％，在速度V_1決定繼續起飛。繼續加速到V_R，開始進行升空操作，以高度10.7公尺，速度V_2通過跑道末端。接著收起起落架。」這邊說個題外話，副駕駛這時候會看著升降表，確定飛機正在上升之後，會喊「Positive climb」，機長接著會喊「Gear up」，接著就會收起起落架。開始收起起落架時，起落架的閘門會造成非常大的阻力，此時只要注意保持爬升傾斜角保持為0％，就**結束了第一階段**。收起起落架，維持在襟翼在起飛位置，引擎最大推力的50％出力的起飛姿態（此時不嘗試重新啟動故障的引擎），以速度V_2，上升梯度2.4％爬升到120公尺時，就**結束了第二階段**。第三階段則是維持高度120公尺，開始收起襟翼，此時飛機也是維持著最大起飛推力，所以飛機速度會增加，等到襟翼完全收起，就完成從起飛姿態轉換成航行姿態，此時會將引擎的推力設定在最大連續推力。接著，以最大連續推力、**最終起飛速度V_{FTO}**及傾斜角1.2％開始上升，爬升到高度450公尺時，就算是完整的結束起飛階段。

● 起飛過程

起飛過程
・從靜止地點開始，到達高度450 m（1,500 ft）時
・從起飛姿態轉換成巡航姿態，且到達最終起飛速度

起飛飛行過程
　從高度10.7 m到起飛過程結束為止

　　　＊最終起飛速度V_{FTO}：不易失速，滿足需求爬升傾斜角的速度

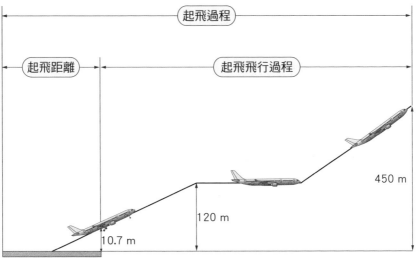

		第 1 階 段	第 2 階 段	第 3 階 段	最 終 階 段
起落架		放下	收起	收起	收起
襟翼		起飛位置	起飛位置	起飛位置→收起	收起
推力		起飛推力	起飛推力	起飛推力	最大連續推力
需求爬升傾斜角	雙引擎飛機	正	2.4%	正	1.2%
	三引擎飛機	0.3%	2.7%	正	1.5%
	四引擎飛機	0.5%	3.0%	正	1.7%

（注）此表格的繪製是假設臨界發動機故障時的狀況

6-08 爬升傾斜角與爬升角度、爬升率
各自的關係

前一節中提到了起飛過程中有一個需求爬升傾斜角2.4%，在本節來看看這是代表著什麼意思吧。

一般來說，傾斜角指的是傾斜的程度。航空界也是一樣的。**爬升傾斜角**代表著上升過程的傾斜程度，所以是上升高度與水平飛行距離的比值。比如說爬升傾斜角2.4%代表的是水平距離前進了100公尺時，高度上升了2.4公尺。

所謂的**爬升角**，指的是水平線與飛行路線所連接而成的夾角。與爬升傾斜角的關係用三角函數正切函數tan來表示：

（爬升傾斜角）＝tan（爬升角）

從圖中就可以知道兩者之間的關係，爬升傾斜角2.4%時，爬升角為1.37°。

爬升率指的是飛行速度的垂直分量，也就是飛機垂直方向的速度飛行時，飛機每分鐘所爬升的高度。飛行速度的垂直分量可以從爬升角和三角函數中的正弦函數sin推得：

（爬升率）＝（飛行速度）×sin（爬升角）

要注意在這邊使用的飛行速度並不是校正空速（CAS），而是實際上對於空氣的速度，真實空速（TAS）。也就是說，真實空速150節（每小時278公里），爬升傾斜角2.4%時，爬升率為：

（爬升率）＝363 ft/分（110.7 m/分）

爬升率會隨著飛行速度而改變，但是爬升傾斜角與速度無關，指的是相對於水平飛行距離的高度，所以講到所需要的性能時，會使用爬升傾斜角。

● 爬升傾斜角：上升高度與水平飛行距離的比例

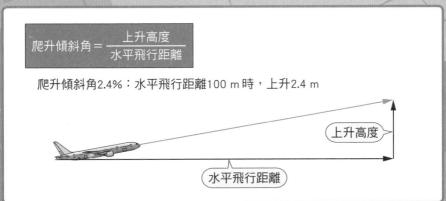

$$爬升傾斜角 = \frac{上升高度}{水平飛行距離}$$

爬升傾斜角2.4%：水平飛行距離100 m 時，上升2.4 m

● 爬升角：水平線與飛行方向所成的夾角

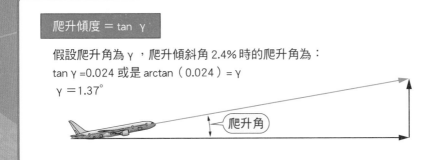

$$爬升傾度 = \tan \gamma$$

假設爬升角為 γ，爬升傾斜角 2.4% 時的爬升角為：
tan γ =0.024 或是 arctan（0.024）= γ
γ ＝1.37°

● 爬升率：飛行速度的垂直分量（高度/分）

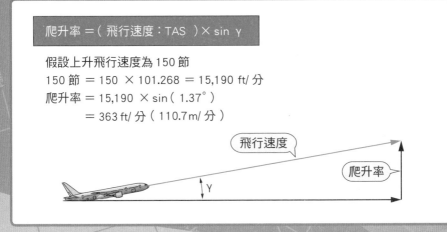

$$爬升率 =（飛行速度：TAS ）\times \sin \gamma$$

假設上升飛行速度為 150 節
150 節 ＝ 150 × 101.268 ＝ 15,190 ft/ 分
爬升率 ＝ 15,190 × sin（1.37°）
　　　 ＝ 363 ft/ 分（110.7m/ 分）

上升時作用力變化
機首向上姿勢

　　飛機上升時，要將飛機轉成機首向上的姿態，並且加大引擎輸出。不過，因為要有攻角才能獲得升力，飛機軸心與水平線的夾角會和飛行路線與水平線的夾角不同，也就說飛機姿勢與水平線所成的傾斜角 θ 與爬升角 γ 不同。此時的重力與升力也不是處於一直線的狀態，因為升力是垂直於飛行路線的。因此，飛行重量的分力與飛行方向相反，變成了阻力之一。

　　比如說，飛行重量270噸，並以機首向上3°的姿勢飛行時，阻力會增加 $270 \times \sin 3° = 14.1$ 噸。阻力增加時，就要增加引擎的出力來抵消阻力。就像是汽車在坡道行駛時，油門必須要踩深一點一樣。但是升力反而相反，升力要支撐的重量會比實際上來的輕。比如說飛行重量270噸，升力只要支撐 $270 \times \cos 3°$ $= 269.62$ 噸的重量就可以了。從升力比飛行重量輕這邊可以知道，此時飛機上升並不是靠著增加升力上升，而是藉著引擎的出力上升的。

　　前一節提到的爬升率：

　　（爬升率）＝（飛行速度：TAS）×sin（爬升角）

　　以固定的速度（TAS）上升時，推力會是：

　　（推力）＝（阻力）＋（飛機重量）×sin（爬升角）

　　所以爬升率可以用以下公式表示：

　　（爬升率）＝{（推力－阻力）×（飛行速度）}/（飛行重量）

　　從這邊就可以知道，（推力－阻力）×（飛行速度）愈大，爬升率就會愈大。

● 上升時的作用力變化

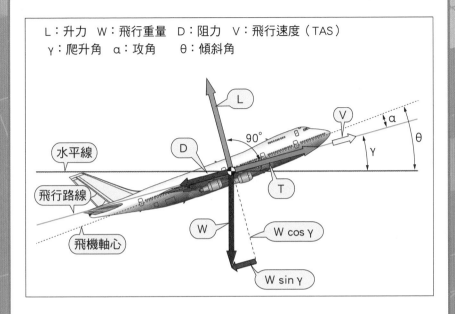

L：升力　W：飛行重量　D：阻力　V：飛行速度（TAS）
γ：爬升角　α：攻角　　θ：傾斜角

L

V

α

θ

90°

水平線

D

Y

飛行路線

T

飛機軸心

W

W cos γ

W sin γ

使飛機的飛行路線上升的引擎推力（T）

與飛行方向相反的空氣作用力，阻力（D）

機首向上時所產生，重力的分力（W sin γ）

（推力）＝（阻力總和），所以可以推得：

$$T = D + W \sin γ$$

從這一個公式中，可以推得：

$$\sin γ = \frac{T - D}{W}$$

假設爬升率為 R/C，所以：

$$R/C = V \sin γ$$

把上面的公式套入的話：

$$R/C = \frac{T - D}{W} V$$

R/C：Rate of Climb

　　噴射旅客機上升時並不是使用真實空速（TAS），而是保持固定校正空速（CAS）上升。因此，上升時並不是定速上升，而是加速上升（請參考2-09）。接著來看看加速上升時作用力的變化狀況吧。假設加速度：a，飛行重量：W，推力：T，阻力：D，飛行速度（TAS）：V，重力加速度：g。那麼讓飛行重量W上升的作用力（W/g）為：

$$（W/g）a＝T－D－Wsin \gamma$$

可以推得：

$$sin \gamma ＋a/g＝（T－D）/W$$

加速度a為：

$$a＝dV/dt＝（dV/dh）（dh/dt）$$

dh/dt又是高度的變化率，也就是爬升率，也就是說：

$$dh/dt＝Vsin \gamma$$

把加速度a代入的話，可以推得：

$$a＝（dV/dh）Vsin \gamma$$

再把這個a代入第二個公式的話，可以推得：

$$sin \gamma \{1＋（V/g）dV/dh\}＝（T－D）/W$$

再把這個公式兩邊都乘以V：

$$V sin \gamma \{1＋（V/g）dV/dh\}＝（T－D）V/W$$

因為V sin γ 等於爬升率R/C，所以：

$$R/C＝\{（T－D）V/W\} / \{1＋（V/g）dV/dh\}$$

　　公式中的（V/g）dV/dh稱為加速係數（AF），代表著隨高度產生相對變化的飛行速度（TAS）的係數。當然，以固定TAS上升時，AF＝0。

● 加速係數（AF）

D：33,274 lbs（15.1 噸）

T：73,904 lbs（33.5 噸）

3.2°

W：600,000 lbs（272 噸）

33,493 lbs（15.2 噸）

將速度固定在速度儀錶所指示的300，並將高度拉升至20,000 ft時，真實空速為400節（40,507 ft/m），爬升率為：

$$R/C = V \sin \gamma$$
$$= 40,507 \times \sin 3.2°$$
$$= 2,261 \text{ ft/m}$$

不加入加速係數時的爬升率：

$$R/C = \frac{T-D}{W} V$$
$$= \frac{73,904 - 33,274}{600,000} \times 40,507$$
$$= 2,743 \text{ ft/m}$$

加入加速係數的爬升率：

$$R/C = \frac{(T-D)V}{W(1+AF)}$$
$$= \frac{2,743}{1 + 0.213}$$
$$= 2,261 \text{ ft/m}$$

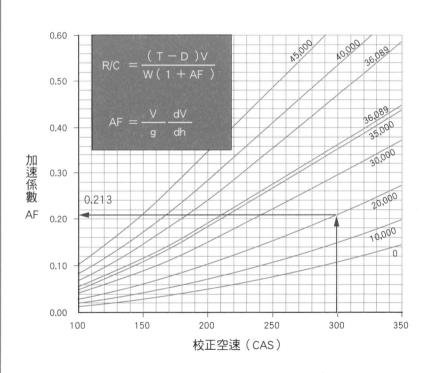

$$R/C = \frac{(T-D)V}{W(1+AF)}$$

$$AF = \frac{V}{g} \frac{dV}{dh}$$

加速係數 AF

校正空速（CAS）

6-11 上升速度的變化
實際加速上升的例子

　　本節將說明將速度儀錶上面指示值固定住，並讓飛機向上爬升時，實際的加速上升會是如何。

　　以右頁表格為例，固定速度上升的方式為：高度不超過10,000英呎（3,000公尺）時，根據航空交通管制，被限制在250CAS以下；超過高度10,000英呎（3,000公尺）則為280CAS；超過某個高度之後則是使用0.8馬赫。在表格中已求出真實空速、馬赫、推力、阻力、爬升率、爬升角與加速係數會隨著高度產生什麼樣子的變化。

　　之所以從固定CAS轉換成固定馬赫，是因為愈是高空，相對於CAS的馬赫值就會愈大，而超過某個高度後，就會超過臨界馬赫。在右邊的表格中，32,000英呎（9,700公尺）時，會從280CAS切換成0.8馬赫。

　　從表格中可以知道，在高度10,000英呎，速度280CAS時，TAS為323節（每小時598公里），高度拉到32,000英呎時，速度一樣固定在280CAS，TAS卻提高到了451節（每小時835公里）。也就是說，即使速度固定在280CAS，高度拉高時，實際上會變成加速上升，此時爬升率也會隨著高度提高慢慢地降低。接著，超過某個高度，轉換成固定馬赫爬升時，因為隨著高度升高，空氣的溫度也會跟著降低，所以音速也會變慢，因此反而會變成減速上升，速度動能轉變成位能，因此爬升率反而會變大。

　　進到11,000公尺（36,089.24英呎）的平流層之後，因為空氣在這一個高度幾乎不會有溫度變化，所以音速保持固定。因此保持固定馬赫就代表保持固定TAS，爬升時也是定速上升，同時推力變小，爬升率也會變小。

● 上升速度的變化

CAS：校正空速　　　M：馬赫　　　TAS：真實空速（kts）
T：最大上升推力（lbs）　D：阻力（lbs）　R/C：爬升率（ft/m）
γ：爬升角（°）　　　　AF：加速係數

高度(ft)	CAS	M	TAS	T	D	R/C	γ	AF
2,000	250	0.39	257	116,315	29,348	3,794	8.4	0.083
4,000	250	0.41	265	112,883	29,357	3,729	8.0	0.089
6,000	250	0.42	272	109,274	29,383	3,650	7.6	0.095
8,000	250	0.44	280	105,294	29,408	3,548	7.2	0.102
10,000	280	0.51	323	97,835	30,371	3,527	6.2	0.134
12,000	280	0.52	332	92,853	30,408	3,334	5.7	0.144
14,000	280	0.54	342	88,032	30,418	3,140	5.2	0.154
16,000	280	0.57	353	83,373	30,424	2,946	4.7	0.165
18,000	280	0.59	363	78,878	30,424	2,750	4.3	0.176
20,000	280	0.61	375	74,611	30,422	2,558	3.9	0.189
22,000	280	0.63	386	70,176	30,416	2,346	3.5	0.203
24,000	280	0.66	398	66,027	30,418	2,141	3.0	0.217
26,000	280	0.69	411	61,952	30,436	1,931	2.7	0.232
28,000	280	0.71	424	57,987	30,456	1,716	2.3	0.249
30,000	280	0.74	437	54,330	30,484	1,513	2.0	0.267
32,000	280	0.77	451	50,508	30,587	1,285	1.6	0.286
34,000	278	0.80	463	47,160	30,617	1,539	1.9	−0.085
36,000	266	0.80	459	43,739	30,436	1,227	1.5	−0.085
38,000	243	0.80	459	36,099	31,550	384	0.5	0
40,000	221	0.80	459	29,631	39,468	—	—	0

此表格是以波音747-200為例，引擎為CF6-50E2，飛行重量250噸，250CAS/280CAS/0.8馬赫

如**6-09**中所演算的，假設爬升角為γ時，公式為：

$$\sin \gamma = （T-D）/W$$

公式中的推力T與阻力D的差距，稱為剩餘推力。從公式中可以知道剩餘推力大的時候，爬升角也會增加。接著來看看哪一個速度的剩餘推力最大吧。

從爬升角的公式開始：

$$（T-D）/W＝T/W-D/W$$

公式中，阻力為D，W同等於升力L，因此：

$$\sin \gamma ＝T/W-C_D/C_L$$

推力T為最大上升推力，與飛行重量W同為固定值，而爬升角又是升阻比，也就是升力與阻力的比值，因此推得：

$$升阻比＝C_L/C_D$$

從公式中可以想像，是不是升阻比愈大，爬升角就愈大呢？但是實際上爬升角增大時，L也不一定會等於W，爬升角最大時的速度會比最大升阻比的速度稍微再慢一些。爬升角最大的速度稱為**最佳爬升傾斜角速度**（註：或稱最佳爬升角速度），以V_x來表示。

右邊的圖表，是以剩餘推力、速度與爬升角的關係來繪製的。從圖表中可以知道，爬升角最大的速度會比最大升阻比速度要來得慢。不過，對於噴射客機來說，最大升阻比速度以下的速度是不穩定的速度領域，因此在飛行時，最大爬升傾斜角速度的實際速度會設定的比最大升阻比速度來得快。

● 最佳爬升傾斜角速度

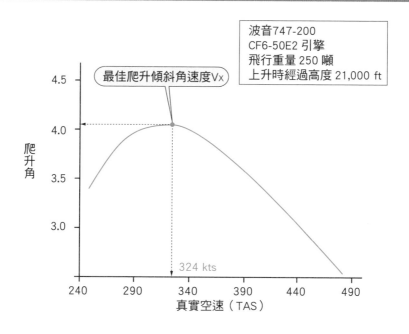

波音747-200
CF6-50E2 引擎
飛行重量 250 噸
上升時經過高度 21,000 ft

最佳爬升傾斜角速度Vx

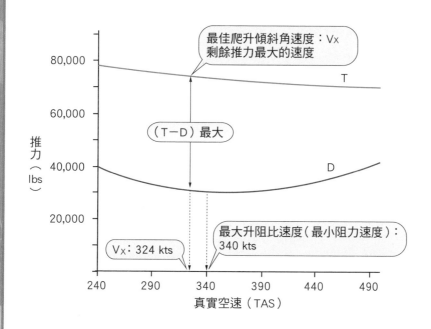

最佳爬升率速度V_Y

什麼是速度V_Y

爬升率的公式如**6-09**中提到的：

$$R/C＝（T－D）V/W$$

此公式右邊的TV或者是DV為（作用力）×（速度），也就是馬力。馬力的差距（TV－DV），就稱為**剩餘馬力**。剩餘馬力愈大，爬升率也就愈大。爬升率最大的速度稱為**最佳爬升率速度**，代號為V_Y。接著就來看什麼速度才會使爬升率最大。

因為最佳爬升傾斜角速度接近升阻比最大的速度，所以爬升率也是以升阻比來表示。但是，與爬升傾斜角不同，速度會大幅度影響最佳爬升率速度，所以最佳爬升傾斜角速度會接近於（速度）×（升阻比）最大值的速度。右圖的圖表是以實例來繪製的。從圖表中可以知道最佳爬升率速度V_Y比最佳爬升傾斜角速度V_X要來得快。因此，以速度V_Y爬升會比速度V_X更快到達需求的高度。但是以速度V_X爬升時，到達目的所需的水平距離，會比速度V_Y短。

另外，上升時推力會慢慢地變小，但仍以固定CAS上升，換句話說，因為是以固定動壓上升，所以阻力的大小也基本上為固定值。因此，上升時剩餘馬力會變小，爬升率也會跟著變小。爬升率變成零的高度稱為**絕對升限**，爬升率為每分鐘100英呎（每秒0.5公尺）時的高度稱為**實用升限**，爬升率為每分鐘300英呎（每秒1.5公尺）時的高度稱為**可用升限**。

● 最佳爬升率速度

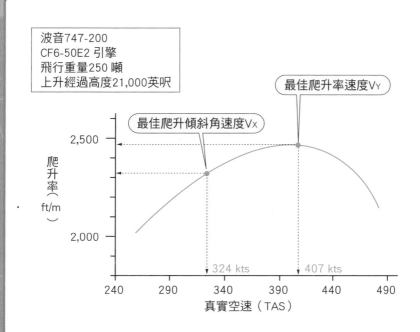

波音747-200
CF6-50E2 引擎
飛行重量250 噸
上升經過高度21,000英呎

最佳爬升傾斜角速度Vx

最佳爬升率速度Vy

爬升率（ft/m）

2,500

2,000

324 kts

407 kts

240　290　340　390　440　490

真實空速（TAS）

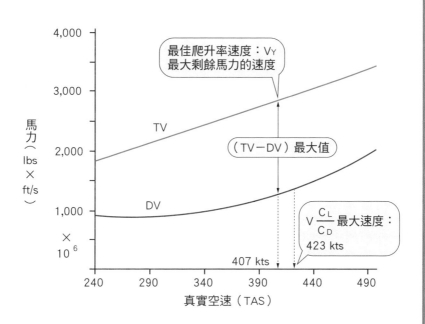

4,000

3,000

2,000

1,000

馬力（lbs × ft/s）

最佳爬升率速度：Vy
最大剩餘馬力的速度

TV

（TV－DV）最大值

DV

$V\dfrac{C_L}{C_D}$ 最大速度：
423 kts

× 10^6

407 kts

240　290　340　390　440　490

真實空速（TAS）

6-14 巡航中作用力變化
速度與升阻比的關係

　　阻力中，有如**3-21**中所說的升力呈兩倍比例的誘導阻力，以及與飛行速度呈兩倍比例的寄生阻力。右邊的圖表就是以實際的例子來表示阻力與速度的關係。圖表中，隨著飛行速度增加畫了一個U字的線代表著**需求推力**。最大可以使用的推力稱為**可用推力**。右圖的例子則是以巡航中的最大額定輸出為最大巡航推力。

　　從圖表中可以知道以0.83馬赫飛行時的阻力，或者說需求推力為16.8噸，那麼升阻比為：

　　（升阻比）＝（升力：300噸）/（阻力：16.8噸）≒17.9

　　升阻比的數值代表著重量300噸的飛機以0.83馬赫飛行時，使用飛機約1/17.9的作用力即可。

　　接著，升阻比的公式也可以這樣表示：

　　　　　　（阻力）＝（飛行重量）/（升阻比）

　　從此公式可以知道，**升阻比愈大，阻力愈小，最大升阻比速度同時也是最小阻力速度**。實際上，在0.795馬赫時阻力為最小值16.6噸，此時的升阻比也在最大值18.1。

　　另外，速度在最小阻力速度以下時，升力係數會上升，誘導阻力就會增加，升阻比就會變小。速度超過阻力發散馬赫時，阻力會急速增加，升阻比會急速減少。換句話說，飛機飛太快或是飛太慢，為了維持應該要有的升力，飛機姿勢就會變得不好，使得升阻比變小。

● 巡航中作用力變化

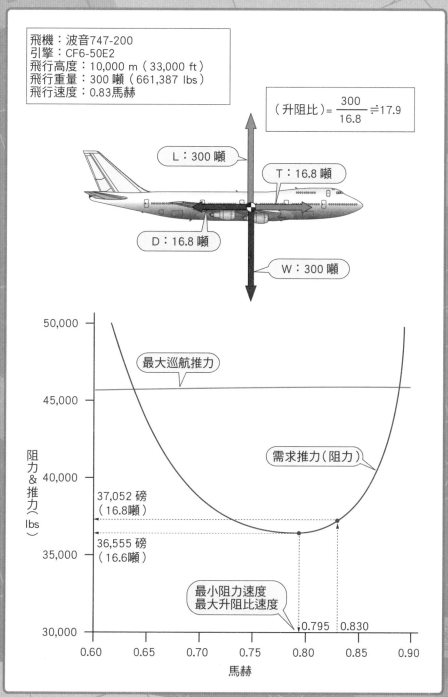

飛機：波音747-200
引擎：CF6-50E2
飛行高度：10,000 m（33,000 ft）
飛行重量：300 噸（661,387 lbs）
飛行速度：0.83馬赫

$$（升阻比）= \frac{300}{16.8} ≒ 17.9$$

L：300 噸

T：16.8 噸

D：16.8 噸

W：300 噸

最大巡航推力

需求推力（阻力）

37,052 磅
（16.8噸）

36,555 磅
（16.6噸）

最小阻力速度
最大升阻比速度

0.795　0.830

阻力＆推力（lbs）

馬赫

續航率
續航率最大的速度

　　汽車的耗油，正確地來說是燃油消耗率，也就是汽油每公升的行走距離是以km/L來表示的。在航空界是用續航率來表示，代表的意思是消耗燃油的重量所能前進的飛行距離，以海哩/公斤，或是海哩/磅來表示。之所以使用重量單位來表示飛機的燃油，是因為飛機的重量會大幅改變燃油的消耗量，也會大幅改變巡航速度、巡航高度以及著陸速度。因此，飛機的燃油流量計不是使用容積流量計，而是使用質量流量計，離陸重量減去消耗的燃油重量，就可以知道飛行中的飛機重量。

　　首先先來說明螺旋槳飛機的續航率吧。從右邊的公式中可以知道，以升阻比最大的速度飛行，每馬力所消耗的燃油少時，續航率就會增加。也可以說在引擎性能固定時，以最大升阻比的速度飛行時，就可以加大續航率。不過飛機通常不會以最大升阻比來獲得最大續航率。

　　噴射機的續航率公式裡面就有速度，也因為有了速度，所以沒有辦法像螺旋槳飛機一樣，在最大升阻比的速度就代表著最佳續航率。那是因為巡航速度不夠快時，飛行距離就不夠遠。從公式中可以知道，以升阻比乘上馬赫時的最大速度飛行時，續航率最好。而這一個速度，與把升力公式中所得出的V帶入續航率所獲得的（$C_L^{1/2}/C_D$）為最大值時的速度相同。

　　另外，推力燃油消耗率指的是為了產生推力所使用的燃油消耗重量，以TSFC表示，單位為公斤/小時/公斤，或是磅/小時/磅。

● 續航率

續航率：SR、飛行重量：W、升力係數：C_L、阻力係數：C_D、音速：a、
馬赫：M、飛行速度（TAS）：V、每小時消耗的燃油流量：FF
推力：T、推力燃油消耗率：TSFC、馬力：Hp、馬力燃油消耗率：SFC

噴射飛機的續航率為：

$$TSFC = \frac{（燃油流量 / 小時）}{（推力）}$$

所以：

$$TSFC = \frac{FF}{T}$$

$$FF = TSFC \cdot T$$

$$（續航率）= \frac{（飛行速度）}{（燃油流量/ 小時）}$$

推得：

$$SR = \frac{V}{FF}$$

$$= \frac{V}{TSFC \cdot T}$$

將 $T = \dfrac{W}{C_L / C_D}$ 代入以上公式：

$$SR = \frac{1}{TSFC} V \frac{C_L}{C_D} \frac{1}{W}$$

因為 $V = a \cdot M$，所以：

$$SR = \frac{a}{TSFC} M \frac{C_L}{C_D} \frac{1}{W}$$

螺旋槳飛機的續航率

$$SFC = \frac{（燃油流量 / 小時）}{（馬力）}$$

所以：

$$SFC = \frac{FF}{Hp}$$

$$FF = SFC \cdot Hp$$

$$（續航率）= \frac{（飛行速度）}{（燃油流量 / 小時）}$$

推得：

$$SR = \frac{V}{FF}$$

$$= \frac{V}{SFC \cdot Hp}$$

因為 $Hp = T \cdot V$，所以：

$$SR = \frac{1}{SFC \cdot T}$$

將 $T = \dfrac{W}{C_L / C_D}$ 代入以上公式：

$$SR = \frac{1}{SFC} \frac{C_L}{C_D} \frac{1}{W}$$

6-16 續航率與速度
續航率最大的飛行速度

　　噴射運輸機的續航力最大的速度，並不是像螺旋槳飛機的升阻比最大的速度，而是（馬赫）×（升阻比）為最大值的速度。以下的計算中，巡航高度為33,000英呎（10,000公尺），巡航高度時的音速為582節（每小時1,077公里），飛行重量為300噸（661,384磅）。

　　首先，從右邊的圖表中可以知道升阻比最大時，速度為0.795馬赫，真實空速為462節（每小時856公里）。維持此飛行速度的推力，從6-14中可以知道是36,555磅（16.6噸）。引擎性能TSFC為0.66，所以燃油流量FF為每小時24,126磅（每小時10.9噸）。因此續航率SR為每磅0.0191英哩，可以算出每10,000磅可以飛191英里（約每公升61.7公尺）。

　　接著，（馬赫）×（升阻比）為最大值的速度為0.835馬赫，真實空速為486節（每小時900公里）。這一個馬赫與（升力係數）$^{\frac{1}{2}}$／（阻力係數）為最大值的馬赫相同數值。從6-14中可以知道需要37,208磅（16.9噸）的推力才能維持0.835馬赫的速度，所以TSFC為0.67，可以計算出燃油流量FF為每小時24,929磅（每小時11.3噸）。

　　從上面的計算中可以知道，**0.835馬赫時**，因為需求推力變大，所需要的燃油流量比升阻比最大的速度所需要的燃油流量要來得多。因為續航率SR為每10,000磅飛195英哩（約每公升63.0公尺），比升阻比最大值時的速度還多飛了4英哩。

● 續航率與速度

飛行高度 33,000 ft（10,000 m）時的音速為 582 節（1,077 km/h）
0.795 馬赫（TAS462）的需求推力為 36,555 磅，TSFC 為 0.66，推得燃
油流量 FF 及續航率 SR 為：

$$FF = 0.66 \times 36,555 ≒ 24,126$$

$$SR = \frac{462}{24,126} ≒ 0.0191$$

0.835 馬赫（TAS486）的需求推力為 37,208 磅，TSFC 為 0.67，推得燃
油流量 FF 及續航率 SR 為：

$$FF = 0.67 \times 37,208 ≒ 24,929$$

$$SR = \frac{486}{24,929} ≒ 0.0195$$

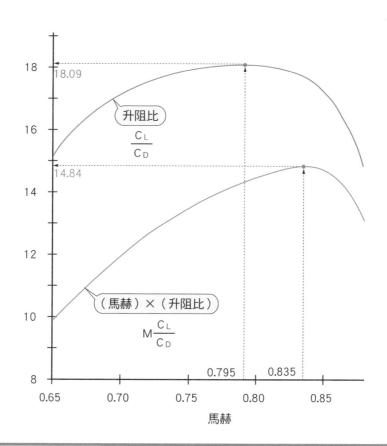

6-17 巡航方式
配合不同目的的巡航速度

　　以獲得最大續航率的速度飛行的方式稱為**最大航程巡航**（**MRC**：Maximum Range Cruise）。但是長距離巡航時速度較慢，所以會犧牲一點續航率來增加速度，具體的來說，是以最大續航率99％的速度來飛行，稱為**長距離巡航**（**LRC**：Long Range Cruise）。另外，不同於重視續航率的MRC與LRC，以縮短飛行時間為目的，速度較快或是以較大馬赫飛行的巡航稱為**高速巡航**（**HSC**：High Speed Cruise）。

　　有一點要注意到的是，續航率以真實空速為基準，所以是以相對於空氣的速度為基準，並不是相對於地面的速度。相對於地面的續航率G為：

　　（續航率G）＝（續航率）×（對地速度：TAS±風速）/（TAS）

　　因為對地速度為（TAS－風速），所以逆風時續航率會變差。順風時，對地速度為（TAS＋風速），所以續航率會變好。因此就經濟上來說，逆風的時候，為了確保續航率與飛行時間，飛行速度會加快，逆風時，則會稍微減速，以增加續航率。

　　剛剛提到的以經濟性為考量的巡航方式稱為**經濟巡航**（**ECON**）。這種巡航方式不僅僅節省了燃油費，比如說燃油價格變低時，為了可以更快到達目的地，也會以更快的速度飛行，提早到達目的地，就可以節省人事、整備以及駐機費等等其他的支出。

● 巡航方式

最大航程巡航（MRC）：以可獲得最大續航率的速度巡航
長距離巡航（LRC）：以最大續航率99%的速度巡航
高速巡航（HSC）：以高速巡航
經濟巡航（ECON）：考慮風以及飛航費用後比較有利的速度巡航

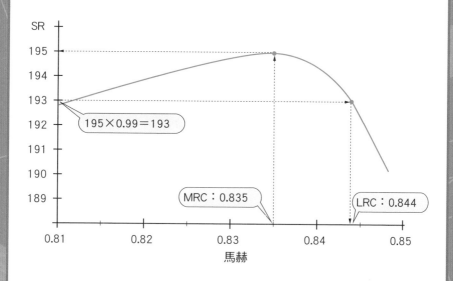

續航率與風

逆風 100kts的情況	順風100kts的情況
0.835 的續航率 SR	0.835 的續航率 SR
$\dfrac{486 - 100}{486} \times 195 \fallingdotseq 155$	$\dfrac{486 + 100}{486} \times 195 \fallingdotseq 235$
0.844 的續航率 SR	0.844 的續航率 SR
$\dfrac{491 - 100}{491} \times 193 \fallingdotseq 154$	$\dfrac{491 + 100}{491} \times 193 \fallingdotseq 232$
逆風越強，續航率的差距越小，所以提高飛行速度較有效率	順風越強，續航率的差距越大，因此飛行速度稍慢時較有效率。

6-18 最佳高度
可以獲得最大續航率的高度

　　一般來說，所有的飛機都是飛得愈高愈省油。那是因為高度愈高，空氣密度就愈小，密度愈小，與密度成比例的阻力也會愈小。但也不是一路高上去就一路省油。接著就來說明為什麼會這樣吧。

　　升力係數與阻力係數的關係，可以用圖表來表示，這一個圖表就稱為阻力極線（Drag Polar）。升力係數在3-07中已經求出來了，就可以藉由升力係數從這個阻力極線中找出阻力係數的大小。右圖上方的阻力極線中可以知道，無論是任何高度，以0.84馬赫的速度飛行時，升力係數與阻力係數之間的關係。

　　從圖表中可以知道升力係數0.5以上時，阻力係數會快速增加。那是因為高度增加時，空氣也會變的稀薄，飛機為了增加升力係數，會增加機翼的攻角，換句話說，飛機會慢慢的變成機首向上的姿勢，但是這一個飛行姿勢在超過某一個高度之後，反而會使得阻力急速增加。反過來說，就是有一個特定的高度是可以讓飛機有效率的維持升力，又不會使阻力急速增加的高度。此高度也是（馬赫）×（升阻比）為最大值，也就是最大續航率的高度，稱為最佳高度。

　　右下的圖中所表示的例子為，飛行重量300噸，以0.84馬赫飛行時，阻力急速增加之前的最佳高度，此高度的升阻比為17.64，（馬赫）×（升阻比）為14.82，高度為34,000英呎（約10,400公尺）。

● 最佳高度

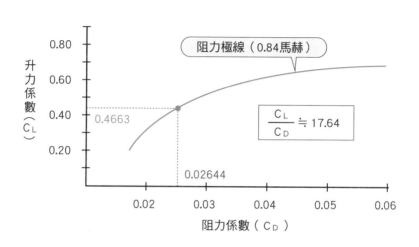

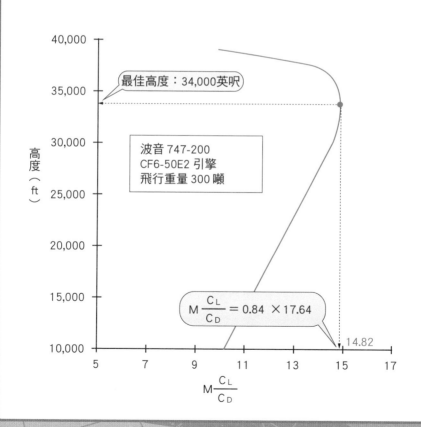

6-19 轉彎半徑
轉彎時的作用力

　　飛機在飛行時轉換方向的動作稱為**轉彎**。在本節就來說明轉彎時各種作用力作用的情況吧。

　　飛機在變化方向時，會畫成一個圓，所以可以把轉彎當作是圓周運動的一部分。之所以能沿著圓周飛行，是因為有一個轉變方向的作用力。此作用力與飛行方向成直角，也就是朝著圓心作用的向心力。因此飛機在轉彎時，必須自己製造出向心力。但是飛機的方向舵沒有辦法製造出向心力。因此，要像右上圖一樣，**讓飛機採取傾斜角，藉此讓升力的水平分力變成向心力**。從這邊也可以知道，方向舵沒有辦法改變飛機的方向。另外，飛機上面的作用力並不會使飛機從傾斜的狀態回復成水平飛行的狀態，也就是說飛機不會發生像俯仰和偏航那樣缺乏安定性的情況，這一個特性也使得飛機容易轉彎。

　　另一方面，在駕駛艙的駕駛也會感覺有一股作用力，使自己被拉往圓的外側。這一個作用力稱為離心力，與向心力大小相同，作用方向相反。飛機傾斜，並且使得向心力與離心力兩個作用力大小相等時，飛機才有辦法穩定的轉彎。飛機在轉彎時，作用在飛機重心上的各種作用力都互相平衡時，這種狀態就稱為**穩定轉彎**。

　　因為轉彎時向心力與離心力平衡，所以從右邊的公式可以知道，穩定轉彎的轉彎半徑在飛行速度愈快，或是傾斜角不夠時會愈大；飛行速度愈慢，或是傾斜角愈大的時候，轉彎半徑愈小。

● 轉彎半徑

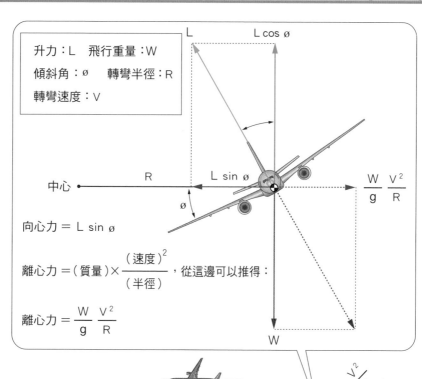

升力：L 飛行重量：W

傾斜角：ø 轉彎半徑：R

轉彎速度：V

向心力 ＝ L sin ø

離心力 ＝（質量）×$\dfrac{（速度）^2}{（半徑）}$，從這邊可以推得：

離心力 ＝ $\dfrac{W}{g}\dfrac{V^2}{R}$

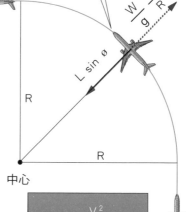

轉彎半徑 R可以從

（離心力）＝（向心力）求得：

$$\frac{W}{g}\frac{V^2}{R} = L\sin ø$$

把 W = L cos ø 代入，求得：

$$R = \frac{V^2}{g \cdot \tan ø}$$

$$\left(\because \quad \tan ø = \frac{\sin ø}{\cos ø} \right)$$

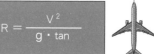

$$R = \frac{V^2}{g \cdot \tan}$$

6-20 負載因數
轉彎時會增加重量

　　飛行速度250節（每小時463公里）時的轉彎半徑約為1.6英哩（約2,940公尺）。即使像這樣畫了一個如此大的圓，在機艙內，還是會有一股作用力將乘客往座位內壓。那是因為離心力是慣性力與重力的總和，會使得飛機比實際上的重量還要重。此重量會是實際上飛機的幾倍重，正確的說，飛機在轉彎時的重量與實際上飛機的重量比的這一個數值稱為**運動負載因數**。除了飛機在轉彎或是降落等等進行運動（註：這邊的運動指的是物理學上的運動）時會產生負載之外，比如說陣風之類風向的急速變化，使得飛機增加升力時，也會產生**陣風負載**。

　　水平直線飛行時L＝W，負載因數1.0就是1g飛行。那麼，比如說傾斜角30°轉彎時，負載因數為1.15，此時體重60公斤的乘客就會變成60×1.15＝69公斤，乘客就會覺得自己被壓在座位上。另外，飛行重量250噸就會變成288.7噸，支撐飛機的升力也會變成288.7噸。因為**作用在飛機上的負載如此的大，所以翼根的強度就非常的重要**。

　　順帶一提，傾斜角60°時，負載因數為2.0。噴射客機的負載因數最大值為2.5，所以能夠進行60°的轉彎。不過一般來說，乘客都沒有辦法忍受2.0g。訓練上有傾斜角45°的轉彎，在轉彎時要拉著操縱桿，這個動作也需要很大的力量。另外，**6-01**中有提到各種不同的適航類別，適合特技飛行的飛機的設計強度上，必須要能夠承受超過傾斜角60°的轉彎，以及足以承受最大6.0g的機體強度。

● 負載因數

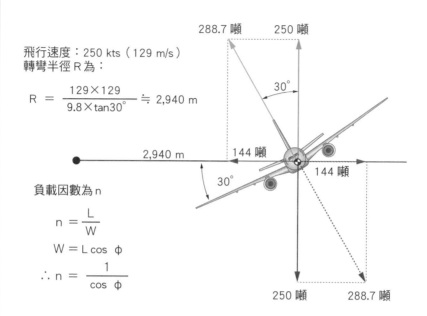

飛行速度：250 kts（129 m/s）
轉彎半徑 R 為：

$$R = \frac{129 \times 129}{9.8 \times \tan 30°} \fallingdotseq 2{,}940 \text{ m}$$

負載因數為 n

$$n = \frac{L}{W}$$

$$W = L \cos \phi$$

$$\therefore n = \frac{1}{\cos \phi}$$

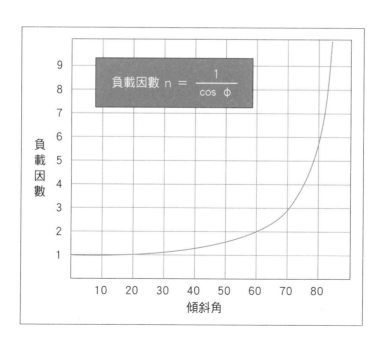

下降

下降中的作用力

下降中的作用力關係，就如同上升率的公式中所表示的，只是推力與阻力相反，如右圖下方的公式（也請參考6-09）。另外，下降時也不是使用最大推力，而是最小推力，又稱為**空轉（Idle）**。空轉時，噴射速度會比飛行速度慢，此時淨推力為負，反而會使飛機速度慢下來，此時的噴射引擎就像是汽車在下坡時不踩油門，會產生引擎剎車的作用力。

那麼此時使飛機前進的作用力（推力）是什麼呢？就是飛機重量的分力，**此分力在機首向下飛行時產生**，就跟不使用引擎的滑翔機一樣。比如說，飛行重量250噸，以機首向下3°的姿勢飛行時，會產生$250 \times \sin 3° \fallingdotseq 13$噸的作用力。這一個分力與阻力同樣大小的時候就開始下降。接著，與上升時使用相同的速度儀錶，以固定指示空速（CAS）下降時，隨著高度降低，真實空速（TAS）也會開始減少，變成一邊減速一邊下降。因此，高度愈低，下降率也會慢慢變低。從下降率的公式中可以知道：

- 下降角度愈大，下降率愈大
- 阻力愈大，下降率愈大
- 飛行速度愈快，下降率愈大

此外，就如同飛行重量愈重，上升率就會愈小一樣，飛行重量愈重，下降率就愈小，也就是說：

- 飛機愈重，下降就愈緩慢

為什麼會這樣呢？下一個小節會討論。

● 下降中的作用力

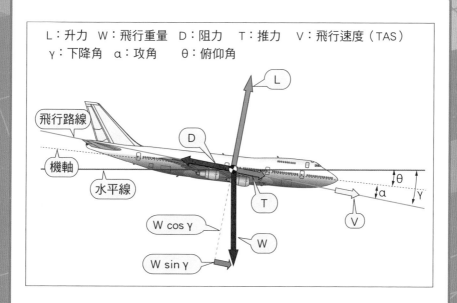

L：升力　W：飛行重量　D：阻力　T：推力　V：飛行速度（TAS）
γ：下降角　α：攻角　　θ：俯仰角

飛行路線

機軸

水平線

W cos γ

W sin γ

在飛行路線上飛機下降時的引擎推力（T）
與飛行路線相反方向作用的空氣抵抗力，阻力（D）
機首向下時重量的分力（W sin γ）
這三個力互相平衡，（阻力）＝（推力的總和），所以：

$$D = T + W \sin γ$$

推得：

$$\sin γ = \frac{D - T}{W}$$

下降率為R/D，那麼：

$$R/D = V \sin γ$$

因此：

$$R/D = \frac{D - T}{W} V$$

像上升一樣，考慮加速係數 AF 時，公式為：

$$R/D = \frac{(D - T)V}{W(1 + AF)}$$

滑翔

滑翔比與下降率

在本節來思考關於飛機在無推力狀態時下降（也就是滑翔）會如何。首先先介紹「滑翔比」，指的是下降時前進了多少的意思。

（滑翔比）＝（飛行前進的水平距離）/（下降的高度）

比如說，滑翔比50的意思，就是代表著下降100公尺時，前進了5,000公尺。如右圖中所表示的，滑翔比等同於升阻比，以最大升阻比的速度下降時，滑翔比也是最大，此時的下降角與下降率會是最小。順帶一提，各個類型飛機的滑翔比分別為：滑翔機：30～50，噴射運輸機：17～20，螺旋槳飛機：8～15。另外，以指示空速（CAS）來表示升阻比最大時的速度的話，因為動壓（也就是阻力）是固定的，所以在任何高度都是同一個速度。比如說，假設升阻比最大的速度為240CAS，無論是任何高度，只要儀錶指著240，升阻比都會是最大。

右下的圖表為表示下降率與下降速度（TAS）的關係。從飛行速度零的原點所畫出的線與下降率的曲線所連結的點，那一個速度就是最大升降比的速度，這一個接點與速度軸的夾角就是最小下降角。從圖中可以知道：

- 最小下降角的大小不會受飛行重量影響，都是相同的（即使加入了推力因素，也幾乎相同）
- 飛行重量增加時，成最小下降角的速度會變快
- 速度超過最大升阻比速度時，下降速度愈快，下降率愈大
- 速度超過最大升阻比速度時，飛行重量愈重，下降率愈小

● 滑翔比與下降率

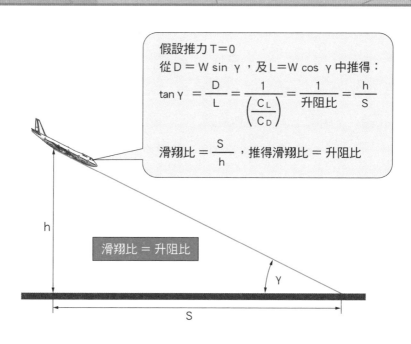

假設推力 T＝0

從 D＝W sin γ，及 L＝W cos γ 中推得：

$$\tan \gamma = \frac{D}{L} = \frac{1}{\left(\dfrac{C_L}{C_D}\right)} = \frac{1}{升阻比} = \frac{h}{S}$$

滑翔比 $= \dfrac{S}{h}$，推得滑翔比 = 升阻比

滑翔比 = 升阻比

h

S

γ

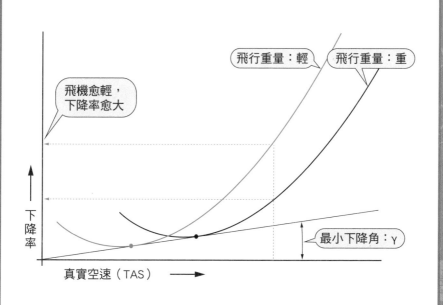

飛行重量：輕　飛行重量：重

飛機愈輕，
下降率愈大

下降率

最小下降角：γ

真實空速（TAS）

6-23 下降率與飛行重量
實際上愈重愈緩慢下降的例子

　　右邊的表格代表著，飛機重量不同時，在相同高度及相同速度下降時，比較下降率的表格。另外，飛行重量分別為550,000磅（250噸）與500,000磅（227噸），下降的速度兩台飛機也都一致為0.8M/280CAS/250CAS。與**6-11**所舉的例子相同，只是高度相反，另外，因為真實空速與加速係數的變化是相同的，所以表格中也省略了。

　　從表格中可以知道，飛機愈重，下降率愈小。飛行重量愈重，負責支撐飛機的升力係數也就必須要更大。因此，阻力也變大，這邊會聯想到下降率應該也會增加。但是，與升阻比比較時，比如說比較在高度29,000英呎時，兩台飛機的升阻比分別為：

（55萬磅的升阻比）＝550,000/30,408≒18.1

（50萬磅的升阻比）＝500,000/28,415≒17.6

可以發現，愈重的飛機升阻比愈大（其他高度也是相同結果）。

　　如**6-22**中提到的，升阻比愈大時，下降角以及下降率就愈小。剛剛所舉的例子中可以知道，飛機的重量較重的那一台飛機在降落時會緩慢的降落。但是在升阻比最大時的速度，也就是最小阻力速度以下的速度時，飛行重量較重的飛機下降率會變大。說是這樣說，速度低於最小阻力速度時，飛機會變得不穩定，這一個速度稱為**Backside**，通常不會以這種速度下降。

　　這邊提一個題外話，實際上飛行時，飛機愈重，開始下降的時間愈早，換句話說，飛機愈重，下降起始點（TOD：Top of Descent）離目的地機場就愈遠。

● 下降率與飛行重量

CAS：校正空速　M：馬赫　T：空轉推力（lbs）

D：阻力（lbs）　R/D：下降率（ft/m）　γ：下降角（°）

飛行重量				550,000 lbs			500,000 lbs		
高度(ft)	CAS	M	T	D	R/D	γ	D	R/D	γ
39,000	232	0.80	−843	33,381	2,891	3.5	28,558	2,732	3.4
37,000	254	0.80	−1,207	30,588	2,686	3.3	27,571	2,674	3.3
35,000	272	0.80	−1,600	30,301	2,961	3.6	27,955	3,017	3.7
33,000	280	0.79	−1,795	30,545	2,108	2.6	28,403	2,165	2.7
31,000	280	0.76	−1,891	30,470	2,075	2.6	28,408	2,137	2.7
29,000	280	0.73	−1,954	30,408	2,040	2.7	28,415	2,106	2.8
27,000	280	0.70	−1,993	30,391	2,006	2.7	28,441	2,073	2.8
25,000	280	0.67	−2,016	30,382	1,970	2.8	28,466	2,039	2.9
23,000	280	0.65	−2,094	30,380	1,939	2.8	28,485	2,008	2.9
21,000	280	0.62	−2,192	30,398	1,909	2.8	28,501	1,978	2.9
19,000	280	0.60	−2,240	30,412	1,876	2.9	28,512	1,943	3.0
17,000	280	0.58	−2,210	30,426	1,838	2.9	28,526	1,904	3.0
15,000	280	0.56	−2,153	30,437	1,798	2.9	28,537	1,863	3.0
13,000	280	0.53	−2,089	30,445	1,759	3.0	28,546	1,822	3.1
11,000	280	0.52	−2,042	30,451	1,720	3.0	28,556	1,782	3.1
9,000	250	0.44	−1,308	29,553	1,462	2.9	26,933	1,472	2.9
7,000	250	0.43	−1,086	29,563	1,420	2.9	26,934	1,428	2.9
5,000	250	0.41	−825	29,568	1,376	2.9	26,932	1,382	2.9
3,000	250	0.40	—	—	—	—	—	—	—

同樣高度，以同樣速度下降，飛行重量不同時的比較

準備著陸
與下降及滑翔不同

　　準備著陸的過程從飛機朝著跑道開始降下的起點開始，也可以說是到達著陸點上方高度15公尺的過程，此時的下降角都為3°或是2.5°。因此下降率，或稱下沉率（Sink Rate），跟飛機種類或是重量無關，是以開始降落的速度來決定的。

　　準備降落的速度是以通過著陸區以上15公尺時的速度，也就是以參考著陸速度V$_{REF}$為基準的。參考著陸速度是指飛機在放下起落架等著陸裝置且進入著陸狀態時，不會失速，又有一定運動性及操縱性的速度（CAS）。因此，飛行重量愈重時，失速速度就愈快，V$_{REF}$也會愈快。也因為這樣，所以愈重的飛機下降率愈大。

　　襟翼處於著陸位置，以及起落架處於降落位置時稱為著陸狀態，這一個著陸狀態會使阻力增加。右圖是實際的例子。巡航時的阻力為16.8噸，飛機處於著陸狀態時阻力會增加將近一倍到接近30噸。如圖中所表示，下降角3°時，會產生飛行重量的分力，此分力為13噸的作用力，與需求推力30噸相比，此時的淨推力為17噸，與巡航中的推力幾乎差不多。

　　另外，準備著陸中的飛行姿勢就如圖中所示，與水平線對比是處於機首向上的姿勢。這是因為襟翼向下時，空氣作用力的中心就會往前方移動，以及為了要以較慢的速度取得升力，所以攻角變大的關係。另外，因為螺旋槳飛機的機翼沒有採取後掠角，所以在低速時也能取得較大的升力，所以螺旋槳飛機降落時，不用採取像噴射飛機這麼大的攻角。

● 準備著陸

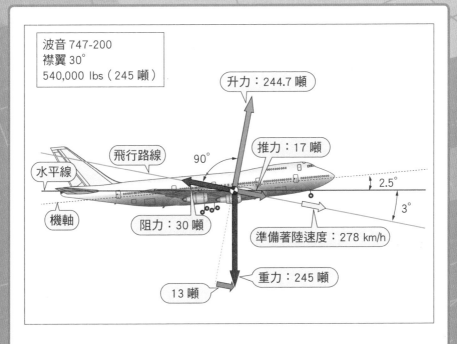

波音 747-200
襟翼 30°
540,000 lbs（245 噸）

升力：244.7 噸
推力：17 噸
飛行路線
90°
水平線
2.5°
機軸
阻力：30 噸
準備著陸速度：278 km/h
3°
重力：245 噸
13 噸

準備降落中的作用力平衡：

$$D = T + W \sin γ$$

（阻力：30 噸）＝（推力：17 噸）＋（重力的分力：13 噸）

準備降落中的下降率（或是下沉率）SR 為：

$$SR = V \sin γ$$

準備著陸速度 278 km/h（150節），換算成 4,633 m/分，代入：

$$SR = 準備著陸速度 × \sin 3°$$

$$≒ 4,633 × 0.0523$$

$$≒ 242 \text{ m/分 （ 795 ft/分 ）}$$

6-25 平飄

著陸時的G力與觸地為止的距離

　　著陸是指從著陸區上方15公尺（50英呎）開始到觸地，並且完全停止的過程。起飛時，依照飛機的類型，高度分別為15公尺及10.7公尺。不過，降落時不一樣，降落時，任何類型的飛機都是以15公尺為基準。另外，一般來說，為了有效運用跑道，著陸區都是在跑道末端。接著就來求看看通過跑道末端上方15公尺到觸地為止的水平距離吧。

　　在跑道上觸地時，要把下降角3°減少成0°。為了減少觸地時的衝擊，要盡可能地減少下降率。因此，在快觸地前，要稍微把機首向上拉，這一個動作稱為平飄（Flare）。這是為了讓升力稍高於飛機重量，藉此減少觸地的衝擊力。還有，飛機在接近跑道觸地時，會產生地面效應，這升力因為跑道路面的影響而增加，同時阻力急速減少，以及水平尾翼的升力增加，產生了機首向下的現象。平飄也可以減少地面效應對飛機的影響。

　　平飄時，飛行路線是畫了一個弧形，假設跟飛行路線垂直的作用力為F，推得：

$$F＝（增加的升力）－（飛行重量）$$

此時的負載因數為：

$$n＝（增加的升力）/（飛行重量）$$

所以：

$$F＝（飛行重量）×（n－1）$$

　　一般來說，著陸時負載因數n＝1.2，也就是說觸地的時候感受的g力大概是在1.2g左右。

● 平飄

著陸時，飛機會像鐘擺一樣畫一道弧線，假設垂直於飛行路線的作用力
為 F：

$$F = W(n-1) = \frac{W}{g} \frac{V^2}{R}$$ ，可以推得：

$$R = \frac{V^2}{g(n-1)}$$

準備著陸速度 V = 278 km/h（77 m/s），代入觸地負載 n = 1.2

$$R = \frac{77^2}{9.8(1.2-1)}$$

$$= 3,025\,m$$

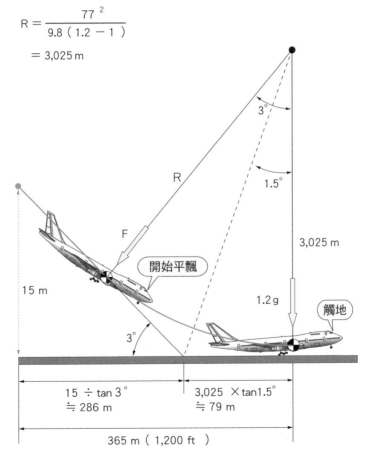

從公式中可以知道，觸地時的 g 愈大，著陸距離就愈短

著陸距離
著陸時，要在跑道總長60％以內停下來

　　所謂的著地距離，指的是從著陸區上方15公尺開始到觸地，直到飛機完全停止的水平距離。但是，航空公司在制定飛航計畫時，必須要設定成飛機可以在目的地機場跑道長度60％內停下來的（螺旋槳飛機則是70％）。此著地距離稱為必要著陸距離，為實際著陸距離的1.67倍（除以0.6的數值）。

　　要注意到的是，無論是起飛距離或是著陸距離，都是依照「適航審查要領」中飛機所需要的性能而規定，「飛航規程審查要領細目」中也把必要著陸距離設定為航空公司在執行航空相關業務時必定要遵守的項目之一。（註：這邊指的是日本航空界的規定，與台灣可能有些許不同。）

　　為了要縮短著陸距離，飛機在進行著陸，通過跑道末端上方15公尺時要盡可能的再減速，一旦觸地就要想辦法增加減速率。此時就必須要增加摩擦係數以及阻力，並且減少升力和推力。接著來看看有什麼方法吧。

　　觸地的同時，飛機上面的減速板就會升起。除了可以增加阻力，減少升力的同時，也可以把飛機重量移轉到輪胎，有效的增加輪胎煞車的效率。增加輪胎煞車的效率，是因為跑道的摩擦係數很大的關係。因為推力在空轉時也會使飛機前進，因此這時就要開啟逆噴射裝置，使推力為0（Reverse Idle），逆噴射的輸出愈大，就愈能在不依賴摩擦係數的情況下獲得制動力。

● 降落距離

飛行重量：W　升力：L　推力：T　阻力：D　加速度：α　機翼面積：S

摩擦係數：μ　重力加速度：g　跑道坡度：φ

$$（停下飛機的作用力）= -\frac{W}{g}\alpha$$

$$-\frac{W}{g}\alpha = D + \mu(W-L) + \phi W - T$$

$$-\alpha = \frac{g}{W}\{D + \mu(W-L) + \phi W - T\}$$

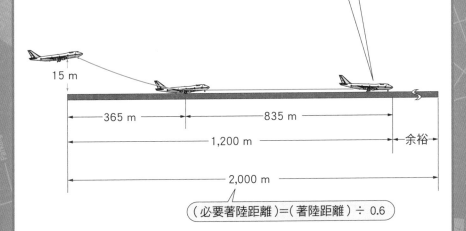

$$（必要著陸距離）=（著陸距離）\div 0.6$$

参考書籍

国土交通省航空局/監修『耐空性審査要領』（鳳文書林出版販売、2012年）

『航空技術用語辞典』（日本航空技術協会）

比良二郎/著『飛行の理論』（岩波書店、1956年）

比良二郎/著『高速飛行の理論』（廣川書店、1977年）

『航空力学I』（日本航空技術協会）

『航空力学II』（日本航空技術協会）

John D. Anderson Jr./ 著、織田 剛/ 訳『空気力学の歴史』（京都大学学術出版会、2009年）

John D. Anderson Jr./ 著、織田 剛/ 訳『飛行機技術の歴史』（京都大学学術出版会、2013年）

THE U.S. GOVERMENT PRINTING OFFICE,

Code of Federal Regulations 14CFR PART 25&121

R. V. DAVIES, *The AIRCRAFT PERFORMANCE REQUIREMENTS MANUAL*

John D. Anderson Jr., *Introduction to FLIGHT*

H.C."Skip"Smith, *THE ILLUSTRATED GUIDE TO AERODYNAMICS 2ND EDITION*

索引

知的！89

解密日常產品成分：50 種產品的組成成分解析以及採訪內幕大公開

Patrick Di Justo◎著　張玲嘉◎譯　定價：330元

從咖啡、漱口水到體香劑，
50 種產品的組成成分解析以及採訪內幕大公開。

知的！90

漫畫搞懂賽局理論：抓住情勢、搶得先機的決勝思考法

Pawpaw Poroduction◎著　吳佩俞◎譯　定價：290元

幽默可愛的漫畫搭配生活化範例，把枯燥的經濟學理論徹底大改造，讓人能夠瞬間抓住賽局理論的精華，並且簡單應用在生活周遭的困境。

知的！91

超入門圖解金融商品投資學：專家教你衍生性金融商品與風險管理的思維

田淵直也◎著　黃姿瑋◎譯　定價：290元

本書貫穿透過趣味的生活化對答，讓您輕鬆一窺財務工程學的世界。
對圖文對話愛不釋手的你所絕對不能錯過的財務金融入門書！

知的！92

漫畫搞懂經濟行為心理學

Pawpaw Poroduction◎著　游念玲◎譯　定價：290元

幽默可愛的漫畫搭配生活化範例，讓人能夠瞬間抓住行為經濟學的精華。
作者以「創造打動人心的優質產品」製作本書，看完絕對有「深得我心」的滿滿感動。

知的！93

運動營養學超入門：提升運動成效最重要
的是正確的營養補給知識

岡村浩嗣◎著　游念玲◎譯　定價：290元

給非專業運動員量身打造的運動營養學入門。

聰明攝取營養，有效增肌減脂，活得更有型，更健康。

知的！94

昆蟲真不可思議：比人類世界還精采的蟲
兒日常生活

丸山宗利◎著　游韻馨◎譯　定價：350元

日本 2015 年最具話題性的昆蟲書。

戀愛、戰爭、奴隸、共生……，小小昆蟲的生存策略超乎
你想像。

知的！95

登山體能訓練全書：運動生理學教你安全
有效率的科學登山術

能勢博◎著　高慧芳◎譯　定價：290元

台灣第一本以登山體能訓練為主題的專書。

應用運動生理學概念的科學登山術，確實掌握體能，讓登
山活動安全有效率。

知的！97

超入門圖解智慧機器人

瀨戶文美◎著　平田泰久◎監修　黃姿瑋◎譯 定價：290元

本書從基礎開始，解析內部構造與工學設計要點。從自動
駕駛車、醫療照護的微米醫療機器人、到外太空探險的火
星探測車，看機器人將如何影響我們的生活樣貌。

國家圖書館出版品預行編目資料

飛機力學超入門：讓飛機飛上天的航空基礎工程學 / 中村寬治著；魏俊崎譯 . -- 初版 . -- 臺中市：晨星，2017.5
面；　公分 . -- (知的！；102)

譯自：カラー図解でわかる航空力学「超」入門

ISBN 978-986-443-184-7(平裝)

1. 飛行 2. 航空力學

447.55　　　　　　　　　　　　　　　　　　　105016705

知的！
102

飛機力學超入門 ：
讓飛機飛上天的航空基礎工程學

作者	中村寬治
譯者	魏俊崎
審定	謝勝己
執行編輯	簡于恒
校對	簡于恒
文字編輯	劉冠宏
美術編輯	曾麗香
封面設計	言忍巾貞工作室

創辦人　陳銘民
發行所　晨星出版有限公司
　　　　407 台中市西屯區工業 30 路 1 號 1 樓
　　　　TEL：04-23595820　FAX：04-23550581
　　　　行政院新聞局局版台業字第 2500 號
法律顧問　陳思成律師
初版　西元 2017 年 5 月 1 日
再版　西元 2024 年 4 月 1 日（六刷）

讀者服務專線　TEL：02-23672044 / 04-23595819#212
　　　　　　　FAX：02-23635741 / 04-23595493
　　　　　　　E-mail：service@morningstar.com.tw
網路書店　http：//www.morningstar.com.tw
郵政劃撥　15060393（知己圖書股份有限公司）
印刷　上好印刷股份有限公司

定價：290 元

（缺頁或破損的書，請寄回更換）

ISBN 978-986-443-184-7
COLOR ZUKAI DE WAKARU KOKU RIKIGAKU "CHO" NYUMON
Copyright © 2015 Kanji Nakamura
Chinese translation rights in complex characters arranged with SB Creative Corp., Tokyo
through Japan UNI Agency, Inc., Tokyo and Future View Technology Ltd., Taipei

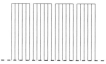
更方便的購書方式：

(1) 網站：http://www.morningstar.com.tw

(2) 郵政劃撥 帳號：15060393
　　　　　戶名：知己圖書股份有限公司
　　請於通信欄中註明欲購買之書名及數量

(3) 電話訂購：如爲大量團購可直接撥客服專線洽詢

◎ 如需詳細書目可上網查詢或來電索取。

◎ 客服專線：02-23672044　傳眞：02-23635741

◎ 客戶信箱：service@morningstar.com.tw